带爱修行

Polishing The Mirror

擦亮心镜

灵性开悟生活实践指南

[美] 拉姆·达斯 [美] 拉梅什瓦尔·塔斯 / 著

于海生 / 译

华夏出版社
HUAXIA PUBLISHING HOUSE

图书在版编目（CIP）数据

擦亮心镜/（美）达斯，（美）塔斯著；于海生译.—北京：华夏出版社，2014.4

书名原文：Polishing the mirror

ISBN 978-7-5080-8102-1

Ⅰ.①擦⋯　Ⅱ.①达⋯　②塔⋯　③于⋯　Ⅲ.①人生哲学—通俗读物　Ⅳ.①B821-49

中国版本图书馆 CIP 数据核字（2014）第 073268 号

版权所有　翻印必究

北京市版权局著作权合同登记号：图字 01-2013-9095

擦亮心镜

作　者	[美] 达斯　　[美] 塔斯	**译　者**	于海生
责任编辑	梅　子		

出版发行	华夏出版社
经　销	新华书店
印　刷	北京市人民文学印刷厂
装　订	三河市李旗庄少明印装厂
版　次	2014 年 4 月北京第 1 版 2014 年 6 月北京第 1 次印刷
开　本	880×1230　1/32 开
印　张	8.75
字　数	181 千字
定　价	36.00 元

华夏出版社　　地址：北京市东直门外香河园北里 4 号　　邮编：100028
网址：www.hxph.com.cn　　电话：（010）64663331（转）

若发现本版图书有印装质量问题，请与我社营销中心联系调换。

目　录

前　言　　　　　　　　　　　　　　　　　　　　*1*

开　篇　活在当下　　　　　　　　　　　　　　*1*

熟能生巧　　　　　　　　　　　　　　　　　　*2*

回家的路　　　　　　　　　　　　　　　　　　*4*

上师——黑暗的清除者　　　　　　　　　　　　*8*

最初的修行　　　　　　　　　　　　　　　　*14*

简单的真理　　　　　　　　　　　　　　　　*15*

第一章　擦亮那面镜子　　　　　　　　　　　*19*

心灵之域　　　　　　　　　　　　　　　　　*19*

你不可能知道它；你只能成为它　　　　　　　*21*

超越思维　　　　　　　　　　　　　　　　　*22*

摆脱思维和感官的束缚　　　　　　　　　　　*27*

实现开悟　　　　　　　　　　　　　　　　　*28*

见证者的特征   30

吸气，呼气   31

让冥想过程视觉化   33

第二章　奉爱瑜伽：虔敬之路   39

我要如何爱汝？   43

爱是一种存在状态   44

上师的恩典   46

神圣的关系   51

马哈拉杰先生   54

敬拜之感   57

哈努曼，拉姆忠诚的仆人   59

第三章　业力瑜伽：生活之道   66

你的业力是你的律法   67

见证你自己的心灵历程   72

一家人的含义   78

人际关系和情感   81

真理会让你自由   93

处理你的情绪   98

对待他人的态度   100

有信仰，无恐惧；无信仰，有恐惧   108

无所不在的知音　　　　　　　　　*112*

第四章　年老和变化　　　　　　　*115*

对待衰老的文化态度　　　　　*118*

应对变化　　　　　　　　　　*121*

优雅地老去　　　　　　　　　*127*

成为自由的生命　　　　　　　*132*

学会放手　　　　　　　　　　*136*

接受身边的一切　　　　　　　*137*

第五章　理性面对生死　　　　　　*141*

应对恐惧　　　　　　　　　　*143*

应对痛苦　　　　　　　　　　*145*

什么会死亡　　　　　　　　　*149*

与生命垂危之人相处　　　　　*155*

有意识的死亡　　　　　　　　*162*

悲　痛　　　　　　　　　　　*166*

死亡是充实生活的一种提醒物　*169*

第六章　从苦难到恩典　　　　　　*173*

为什么会有苦难　　　　　　　*175*

恩典之路　　　　　　　　　　*176*

改变你的角度　　　　　　　　*179*

它是痛苦还是恩典　　　　　　181

信　念　　　　　　　　　　　183

一切都很完美　　　　　　　　184

给予关爱　　　　　　　　　　187

照顾好长辈　　　　　　　　　188

痛苦的本质　　　　　　　　　189

我们如何能够提供帮助　　　　192

无可替代的慈悲　　　　　　　193

第七章　知足常乐　　　　　　195

海滩时光　　　　　　　　　　195

面对挫折　　　　　　　　　　200

从角色到灵魂　　　　　　　　203

永恒的瞬间　　　　　　　　　205

你需要的只是……　　　　　　208

让生活处于最佳状态　　　　　210

冥想：爱的意识　　　　　　　211

开放的心态　　　　　　　　　212

幻觉的车轮　　　　　　　　　216

第八章　修行，再修行　　　　220

创造一个神圣的空间　　　　　222

坚持晨修 223

坚持写日记 224

冥 想 225

　　内观冥想 228

　　就上师展开的冥想 231

　　咒 语 233

静 默 238

感谢主，赐我食 239

科尔坦唱诵 241

朝 圣 244

隐 居 245

贤哲之言 246

聆听你的自我 249

鸣 谢 256

译后记 258

前　言

拉姆·达斯的《找到自我》首版的那一年，也即 1971 年，是一个动荡时期。越南战争正在引发一场抗议浪潮。致幻药物、酸性摇滚①、新发现的性自由、女权主义、环保主义，以及具有原生态特征的嬉皮群落所造成的影响，导致人们的生存现状发生了结构性的转变。不断扩张的意识幻觉，开始与佛教、印度教以及新世纪音乐②交汇融合，从而给人们带来了内心解放的曙光。

然而，理想化的幻觉很快被现实所磨砺。这当中既有好的一面，也有糟糕的一面。在肯特州立大学枪击案③中学生被杀，

① 即迷幻摇滚，盛行于 20 世纪 60 年代中后期，是嬉皮士运动的产物之一，其音乐特色是震耳欲聋的强烈节奏、尖厉响亮的单人或双人演奏电吉他。
② 亦称新纪元音乐，是在 20 世纪 70 年代后期出现的一种音乐形式，提倡利用音乐洁净心灵，源自新纪元运动。
③ 发生在 1970 年的一次暴力事件，当时美国国民警卫队士兵枪杀了俄亥俄州肯特州立大学参加反对越战的游行示威的学生。

加之摇滚乐明星吉米·亨德里克斯、詹尼斯·乔普林和吉姆·莫里森之死所导致的冲击，尤其发人深省。伍德斯托克摇滚音乐节①谢幕了。当这个大派对终告结束，而人们在次日早晨醒来以后，他们嗅到的是新鲜咖啡的气味，也嗅到了生活还要继续下去的需求，这也为他们追求真正的改变奠定了基础。

理查德·阿尔珀特曾是蒂莫西·利瑞②教授在哈佛的同事和致幻药的支持者。1963 年，他们被哈佛大学同时解雇。离开哈佛之后，他们在纽约州北部的米尔布鲁克进行了一次反传统文化的体验。1966 年，作为当时知名的迷幻心理学家的阿尔珀特前往印度。当他返回时，已经是名为拉姆·达斯的一个精神修行者，并且很快在整个西方世界成为东方灵修的践行者和推广人。

从 1970 至 1972 年，经过在印度的第二次逗留之后，拉姆·达斯再次踏上旅途，在接下来的 25 年的时间里，不知疲倦地四处讲授心灵疗愈方面的课程。他引经据典，并通过各种有趣的故事，一再地传达他所倡导的宗旨——从"一切只需着手去做"

---

① 著名的系列性摇滚音乐节。最早于 1969 年在纽约伍德斯托克附近举行，主题是"平和、反战、博爱、平等"，标榜"音乐与艺术的结合"，尤其因为众多嬉皮士青年的参加而知名，因此，人们将其看成是一种典型的嬉皮士文化的代表。

② 蒂莫西·利瑞（1920—1966），美国心理学家和作家，以支持致幻药而著称。

这种西方成功模式，转变为强调如何让心灵平静并且活在当下，如何变得专注并富有爱心，从而找到真正的自我。他从根本上超越了以往的个人研究和实践经验，描述并展示了他一生中不同的存在状态，而这一切完全得益于他的印度上师①对他的启发。于是，精神的种子开始发芽，成千上万的人得到了教诲，他们的生活由此改变了。

　　他的杰作《找到自我》一书，最初作为手抄本小册子的形式，为20世纪70年代喧哗聒噪的文化对话注入了一缕清音。这个由新墨西哥州北部山区的一个图形艺术社团制作、用棕色包装纸印刷的手册，与其说是一个朴素的文本，不如说是一部绘本小说和精致的艺术品。后来，当《找到自我》作为一本书面世时，它尤其成为作者倡导的新的生存方式的一个强有力的声明。于是，突然之间，这个内容质朴、具有反传统文化观念并倡导自省的手册，在主流出版界脱颖而出并开始风行。人们纷纷介绍给自己的朋友，它旋即成为一本新时代的圣经。《找到自我》所倡导的理念，犹如在人们意识思维的文化湖泊中投下了一枚鹅卵石，不断激荡出时代的符号和瑜伽文化的涟漪，美国国家公共电台推出了相关节目——《活在当下》，新时期的美国

---

　　① 一般修行者（尤其是藏传佛教修行者）对具有高德圣行、堪为世人表率者的尊称。在印度教中多称为"古鲁"或"大师"。

文学，也开始纷纷表现精神修行这一主题。

《找到自我》不只是媒体现象，也是意识文化转变的一部分。越来越多的人开始认同具有包容性的跨宗派的精神实践。正在变老的"婴儿潮"时期①的人，能够以开放的姿态，更加从容地面对生死问题。瑜伽已经从具有异国情调的东方进口产品变成跨国界的亚文化。在互联网时代，精神修行超越了时间和空间；我们生活在一个虚拟而复杂的时代。当我们共同完成穿越蓝色星球之旅时，我们的仁爱意识就会增强，隔离感会消失。正如拉姆·达斯所说："他们正在成为我们，我们也正在成为他们。"

对我们千百万人来说，《找到自我》打开了自我探索的大门，帮助很多人迈出了向心灵朝圣的第一步。自 20 世纪 60 年代，坎坷曲折的自我探索过程已经带领我们绕过许多险滩，并且走出了一些死胡同。如今，那盏心灵的明灯仍在指引着我们，而我们必将继续跟随前行。

《找到自我》把我们的视角从根据表面化的所见所闻而产生思考这一习惯性的做法，转向把生活看作是一次心灵之旅。作为它的一个章节，"精神生活食谱"为西方人的精神实践和瑜伽

---

① 指第二次世界大战以后，尤其是在 1946 到 1964 年之间有大量婴儿出生的时期。

提供了实用的指南。一个简单的理念就是，"现在，你已经看到了光亮，就应该让它为你带来温暖"。如今，那个食谱仍是一个重要资源，那本书倡导的宗旨仍然经久不衰——把你的关注力集中在人生的每一时刻。你只需要找到自我，活在当下。

清理我们杂乱的思维领域，消除一切不必要的精神负担，以便找到自我的过程，是复杂而艰巨的。这是一个多层次的游戏。当你专注于意识拼图游戏的某一部分时，其他某种更难处理的东西，必然会吸引你的注意力。正如拉姆·达斯所说："大脑是一个出色的仆人，但也是一个可怕的主人。"

为了探究这些多层次的精神和情感领域，作者多次使用了"擦亮镜子"的比喻，这其实是一个多重隐喻。意识本身是一个镜子的大厅。人的灵魂的关键素质，是那种体现其自身存在的能力。自我反思或反省，以及自我探究——不管我们采用什么样的说法——就像剥洋葱一样，能够让我们透过层层的自我，从我们世俗性的、习惯于推理的思维观念进入到更高境界，那就是——探索纯粹的意识和无条件的爱，探索人的统一性或者敬畏的意识。

这种自我反思也可被看作是一个见证过程，即仅用爱和宽容的态度观察我们自己的行为、思想和情感。这种见证过程有助于将我们与外部现象和感官体验分离开来，以及与彻底占据我们的注意力的心理叙述和个人经历的痕迹分离开来。

见证过程可以微妙地改变自我认知方式。我们会从我们作为个人叙事的主角——我们总是着迷于不断骚动的思想和经验——这一习惯，转变为把这些思想和经验看成是在自我的镜子中反映出的现象。我们将从作为自己的人生节目中的明星这种角色，转变为整个人生戏剧的热情的观众。

在这种自我认知轨迹的转变过程中，当我们看到被反映并被投射到外部世界的内心活动时，还有一个外部反映过程。借助于长期的精神实践，我们可以让我们的外部经历与内心的关系变得更加密切，从而协调一致，这就是所谓的瑜伽——不只是身体的瑜伽，也有精神的瑜伽（耆那瑜伽）、心灵的瑜伽（奉爱瑜伽），以及无私行动的瑜伽（业力瑜伽）。

当我们意识到仅仅通过思想和经验而生存所导致的自我认知的局限性时，随着幻觉的面纱变得更加透明，我们就能够借助于所谓的客观现实，开始反思和领略一个更加纯粹的自我状态。去掉心灵和精神的镜子上的杂质和灰尘，使精神之光得以反射。当那一层一层的遮盖物变得更加透明时，光芒就会照射在我们身上，从而开始体验到一种负担更少、思维更加清晰的意识状态，并且看到意识在心灵中开出爱、同情和智慧的花朵。

当我们与我们的灵魂达成一致之后，擦亮镜子这个通过见证的过程，使我们的外部生活与真实自我和谐共存的手段，将会自行消解，而那一层一层的障碍物将与我们的心灵融为一体。也许到那时，我们还会进入另一个阶段，即不再感觉自己是独立的生命体，主体和客体的矛盾关系将合而为一。

在这个自我反省的过程中，若有一个指导者或者上师为我们提供所需的重要反馈信息，将使我们更容易保持专注，避免因为心理活动和精神世界的其他微妙波动而分心。一个真正的上师，会反映出我们最深处的自我，真正的自我。上师对于我们的旅程能够提供充满挚爱的指导，在各个层面都是永远具有导引作用的指向标。

拉姆·达斯的这本指导手册，是一个可以安抚精神、打开心灵和找到完整自我的工具包。书中的教导为自我反省提供了切实可行的方法。不妨把本书看作是一个到达目的地的旅行指南，一部寻找那种珍贵的内心平静感和精神和谐感的实用手册。

总而言之，本书提供的方法很简单，也很微妙。你最终会意识到，我们每个人都是如此接近——仅仅是一个想法的距离！

只有你自己知道，你是否在正确而有效地擦拭那面镜子。你会知道你的内心是否变得更平静，更富有爱心和同情心，更平和也更务实，对自己的人生更加满意。

就像任何形式的自我反省一样，你也有无穷多的自欺欺人的机会。以幽默和诚实对待自己的道路及其陷阱的拉姆·达斯，就是一个很好的示范。愿我们能够以他那样的慈悲和耐心对待我们自己，而不必对自己过于苛责。毕竟，这当中不涉及任何需要完成的任务——我们只是让自己成为自己。

爱你们的　拉梅什瓦尔·塔斯

开　篇

活在当下

活在此刻，听起来很简单，但这几个字却包含着一生的自我反省过程。活在此刻，意味着不为过去后悔，不为将来担心，要充分体验生存的每一刻，生活在完全的知足、平静与爱当中。要进入自己的内心，驻留在不同的自我状态中，享受持续和永恒的此时此刻。

一旦体验到这种纯粹的自我状态，你就永远无法把它完全忘记。你会开始看到，你的想法如何迫使你一再离开当下。但是，自我永远都在那里，从来不会超过一个想法或念头的距离。你没有什么可做的，没有什么需要考虑的。你只需要活在此刻，并且找到自我。

当我们思考的头脑开始隐退时，心灵的头脑就会接管，这样我们就可以活在爱的感觉中。

爱，意味着乐于与其他灵魂融为一体。爱是与所有事物融合的门径，可以使我们与整个世界和谐一致。这种回归自我以及付出无条件的爱的统一性和简单性，是我们所有的人所渴望的。这种统一状态，才是真正的瑜伽或者和谐。

也许本书将提供一个看待生活的全新的视角。我希望你能够从中找到活在这个世界上的一种更有意义、更具超越性的生活方式。要完全与自我和其他众生共存，就要专注于生活中真正重要的东西，只要坚持这样做，我们就会变得更清醒并更有爱心。

熟能生巧

也许你是一个已经开悟、与神只隔着一层最轻薄的面纱的灵魂，而且你的开悟几乎是瞬间发生的。或者，也许你是一个正在进行更多尝试的探索者，你的思想总是以这样或那样的方式对你造成影响，因此你需要更多地、不断地提醒自己，你的真实的自我究竟身在何处。无论怎样，我们都希望这本有关意识的基本读物会成为一张有用的路线图，以便指引你找到心灵的归属地。

对大多数人来说，每天留出一定的时间用于修行是有帮助的，这意味着我们要在本已忙碌的生活中，对时间和计划进行调整。

通向心灵之路既非过分艰险，也非过于简单，但这需要时间和意愿。

从传统上说，最好的修行时间是宁静的清晨，以及在当天活动基本结束的晚上。不妨考虑把这个时间用于探索你的内心，找到生命的更多的意义。修行为我们提供了一个机会，使我们可以回归到与生俱来的爱和慈悲的特质，回归到我们直觉性的智慧上面。我们需要找到适当的修行手段，尝试冥想等自我反省的做法，从而敞开心扉，让自己变得无私和仁爱。这样，当你面对你的镜子时，你会看到你现在是谁，以及什么对你真正有益。

我们每个人都有自己的道路，自己的业力①。你必须尊重你的独特的道路。你不能随意模仿别人的旅行方式。倾听你的心灵，你会听到自己需要什么，选择你从修行实践中使用的一切，并且丢掉其余的东西。

---

　① 多见于佛学用语，指一个人过去、现在或将来的行为所引发的结果的集合。

回家的路

在1961年，我正好30岁，在我的学术生涯上春风得意。我有斯坦福大学博士学位，而且是哈佛大学社会关系学教授。在职业、社会关系和经济方面，我自认为已经到达了人生的一个巅峰。可是，我的内心仍然空虚——尽管我拥有那么多成就，但仍然感觉缺失了某种东西。我当时是在哈佛大学，那个智慧的圣地任教。但是，当我看着我的同行们的眼睛，想从中获知"你知道这是怎么回事吗?"的时候，我发现，我正在寻找的东西无处可寻。

在社会和家庭环境中，人们都很尊重我，愿意记住我说的每一句话，因为我是哈佛教授，他们显然认为我无所不知。但对我来说，人生的本质仍然是个谜。我有很多知识，但我缺乏智慧。在这种不满足的状态下，我让生活塞满了所有我认为我想要的东西，所有通常被认为可以带来满足感的东西。我大吃大喝。我收集各种象征财富和地位的物质：我有一辆"胜利"牌摩托车和一架"赛斯纳"牌私人飞机。我演奏大提琴。我在性生活方面很活跃……然而，这些外在的乐趣并未使我得到我渴望的答案。在内心深处，我并没有真正的幸福感和知足感。

　　另一位心理学家，蒂莫西·利瑞，搬到了我对面大厅的那个办公室。遇见蒂姆是我的人生的一个重大转折点。我们首先成了酒友。我很快发现，他有一个聪颖的头脑——这是一种与众不同的聪颖，能够以更加开放的心态和全新的角度看待人生。

　　有一个学期，蒂莫西从墨西哥山区返回，他在那里食用了一种"裸盖菇碱蘑菇"①，或被称为"神仙之肉"，他说从那个经历当中产生的体验，比他从所有心理学训练当中获得的东西还要多。我感到十分好奇。1961 年 3 月，我服用了裸盖菇碱，那是那种神奇的蘑菇的一种人工合成品，于是对我来说，一切都改变了。我似乎觉得，裸盖菇碱让我接触到了我那独立于身体和社会身份之外的灵魂。那种经历扩展了我的意识思维，改变了我对现实的看法。

　　我们对致幻药的探索以及随之被哈佛大学解聘的事件，在国际和国内产生了轰动，也给我们带来了恶名。到那个时候，我在某种程度上真的不太关心个人地位和同行评价，因为我正在探索的领域远比学术界有趣得多。致幻药物使我突破了我的传统教育经历，进入了用其他方法不可能进入的心灵和精神领域。当我因为服用致幻药而变得兴奋时，我开始觉得，这就是

---

　　①　也被称为迷幻蘑菇或魔术蘑菇，是一种包含了致幻药物裸盖菇碱等成分的蘑菇。

我需要体验的境界——我从内心深处感受到了平和、爱和自由。

我使用致幻药长达五六年，我要尝试继续体验那种彻悟的感觉，继续停留在那个充满爱的境界。我不停地经历快感和高潮突降，想要继续感受那种爱的状态，但那种状态却无法持久。我想要自由而不是快感。我最终意识到，这种方法并不适合我，于是开始陷入深深的绝望。

事后看来，尽管裸盖菇碱之类的东西对于我自己的觉醒至关重要，但使用致幻药物并不是找到自我所必需的过程。它们固然能够向你展示一种可能性，不过你一旦见到了那种可能性，就会不停地反复使用它，但未必能够给你带来真正的改变。正如英国哲学家、作家阿伦·瓦特经常说的那样："既然你已经得到了那个讯息，那就可以挂断电话了。"归根到底，你还是不得不生活在这个世界上，并且寻求从自身开始转变。

奥尔德斯·赫胥黎①曾经赠送给我一本《西藏度亡经》，我在阅读之后很快意识到，东方已经有了我们在没有参照点的前提下正在直观地探索内心状态的那张地图。所以在1966年，我前往印度，想要寻找能够解答意识领域的问题的人。最初三个月，我和一个首先将他的"路虎"汽车运到德黑兰并且邀我同

---

① 英格兰作家，著名的赫胥黎家族最杰出的成员之一。祖父是著名生物学家托马斯·亨利·赫胥黎。

行的朋友一道旅行。我们去了阿富汗、巴基斯坦和印度，以及到处种植大麻的尼泊尔。

但是，这只是又一次旅行而已——与过去没有什么不同：先是体验到兴奋和快感，紧接着又是高潮突降——这正是我自己的现实的重演，它导致了更多的绝望感。

后来的一天，在尼泊尔加德满都的一个叫做"蓝色西藏"的嬉皮士风格的餐厅，一个个子奇高、留着胡须和一头金色长发的西方人走进来。他穿着印度服装，走到我们的餐桌旁边，和我们坐在一起。我们很快知道，巴格旺·达斯，这个 23 岁的拉古纳海滩①冲浪者，已在印度生活了好几个年头。经过短时间接触，我发现他很了解印度，便决定与他一起旅行，看看有什么我可以学到的。

当我们在尼泊尔和印度旅行时，我总是试着讲述我那些迷人的生平故事，或者询问我们要去哪里的问题。巴格旺·达斯总是说，"不要想着过去；只要留意眼前"，或者是"不要去想未来；只要想着现在"。虽然他富有同情心，但并没有协助解决我的情绪问题。我们之间简直没有什么可以讨论的。当我经历了几个月的脚底起泡、痢疾发作，并且学习了哈达瑜伽之后，

———————————

① 坐落于美国洛杉矶和圣地亚哥中间，是南加州首屈一指的海岸观光胜地。

巴格旺·达斯说，他要就他的签证问题去找他在喜马拉雅山山麓的上师。他想开那辆"路虎"去那里（那辆车一直由一个印度雕塑家照管，车的主人、也就是我先前的那位朋友告诉过那个雕塑家：假如我需要这辆车，可以随时把它开走），所以，我便跟着巴格旺·达斯一起去了。

在向山区一路攀行的过程中，我们曾经停下来过夜，我半夜时到外面去上厕所，在繁星闪烁的印度夜空下，我不由自主想起了我的母亲，她在去年（1965）死于脾脏癌。当我想着她的时候，强烈地感觉到她的存在。我没有把这种感觉告诉过任何人。我身体里的那个弗洛伊德①告诉我："不管你去哪里，当你上厕所时，不妨想着你的母亲。"

上师——黑暗的清除者

当我们驾车上行并进入山里时，我发现巴格旺·达斯有些异样。眼泪从他的脸上滑落，而且他用尽全力唱着圣歌。我郁郁寡欢地坐在车内的角落里。

我认为自己是一个佛教徒，因此，我不想看到一个印度教

①　犹太人，奥地利精神病医生及精神分析学家，精神分析学派的创始人。

的上师。

　　我们来到道路一侧的一座小寺庙旁，巴格旺·达斯向别人问起上师在哪里。他们说马哈拉杰先生在山上。

　　巴格旺·达斯向山上跑去，留下我坐在车里。每个人都在期待地看着我。我不知道该做什么。我不想去那里。我不想去见什么上师。但最后，由于当时的情势而非个人选择所迫，我开始跟着他前行。我在这个大个子后面跌跌撞撞地向山上攀爬，而他一边哭，一边跳跃着朝前面跑去。

　　我们爬上山坡，来到了一处看不见那条公路但却可以俯瞰一处溪谷的美丽的小块田野里。在田野中间，一位个头不高的老者坐在一棵树下的木床上，身上裹着一条毯子。十多个穿白色服装的印度人围坐在他周围的草地上，配上背景中的白云，这实在是一幅美丽的画面。我当时焦虑不安，以至于很难去欣赏它。我以为这是某种祈祷仪式。

　　巴格旺·达斯跑上前，虔诚地趴倒在地上，用他的手去触摸老者的脚趾。巴格旺·达斯还在哭泣，而那人轻轻地拍着他的头。我不知道该做什么。我认为这是精神错乱的表现。我站在一旁，对自己说："好吧，我是来到了这里，但我可不会去碰任何人的脚。"我不知道这是怎么回事。我对眼前的情景充满了疑惑。

那位老人还在拍着巴格旺·达斯的头，然后，他抬头看了我一眼。他扶起巴格旺·达斯的头并用印地语对他说："你有我的照片吗？"脸上满是泪水的巴格旺·达斯回答说"是的"。马哈拉杰先生说："给他一张吧。"

我心想，"哇，这真不错，这个小老头要把他自己的照片给我。"这是我这一整天来第一次感觉到满意，我真的需要这种被人在意的感觉。

马哈拉杰先生看着我，面带微笑地说了一句可被翻译成这样的话："你是坐一辆大汽车来的吗？"

这不是我想谈的话题。这辆"路虎"是我们从我的朋友那里借来的。我感觉到应当对它负责。

马哈拉杰先生仍微笑着说："你会把它送给我吗？"

我想说那不是我的车，但巴格旺·达斯抢先跳起来说："马哈拉杰先生，如果您想要的话，它就是您的了。"

我有些不满地说："你不能把那辆车给他！那不是我们的车，不能随便送人。"

马哈拉杰先生抬头看着我，说："你在美国赚钱多吗？"

我猜想，他以为所有美国人都很有钱。我说："是的，我在美国曾经能赚很多钱。"

"你赚了多少？"

"哦，一年赚两万五千美元。"

他们印度人都是根据卢比计算的，因此这是一个相当大的金额。

马哈拉杰先生说："你会给我买一辆那样的汽车吗？"

在那一刻，我想，我在一生中从来没有面对过这样的要求。我是在经常与各种犹太慈善机构接触的过程中长大的。我们甘愿做出捐赠，但从未甘愿到这种程度。我的意思是，我以前甚至从未见过这个家伙，可他竟然开口就索要售价七千美元的汽车。我说："哦，也许吧。"

在整个过程中，他一直微笑地看着我。我感到困惑。其他人都笑起来，因为他们都知道他是在打趣我，但我不知道。

他说，我们该去吃"普拉萨德"①了。我们被带到山下那个小寺庙中，得到了一流的对待：享受了美食，还有可以休息的地方。这是山区能够提供的一切——没有电话，没有电灯，仿佛一无所有。

过了一会儿，我们被带回到马哈拉杰先生那里。他对我说："来吧，坐。"他看着我，说："你昨晚出去了，而且看到了星星。"

"是的。"

---

① 印度教和锡克教的一种食物祭品的食材，通常由信徒吃掉。

他说："你想起了你母亲。"

"哦……嗯。是的。"

"她是去年去世的吧？"

"是的。"

"她在去世前肚子变得很大。"

"没错。"

"脾脏。她是死于脾脏疾病。"他是用英语说"脾脏"这个词的。当他说"脾脏"时，他直视着我。

在那一刻，两件事同时发生了。

首先，我的理性思维，就像一台失控的计算机，拼命地想要找出他是如何知道这些的。我绞尽脑汁甚至有些离谱地想到了所有可能的情况，比如，"他们把我带到这里，可能是洗脑的一部分。也许他有关于我的档案。哇，他们真的很厉害！但他是如何知道的呢？我没有告诉过任何人，甚至包括巴格旺·达斯……"等等。可是，不管我如何胡思乱想，我的大脑根本无法解决这种困惑。这不是一本指导手册能够告诉我的。这甚至超越了我偏执的幻想。

在那之前，对任何心灵或者超自然的事情，我都能够从知识层面做出某种解释。如果这类事情我是间接听到的，我就会像任何合格的哈佛科学家那样说，"哦，这很有趣。我们对这些事情一定要保持开放思维。在这一领域，正在做一些有趣的研究。我们会进一步了解它的。"或者说，如果我因为服用致幻药而产生了快感，作为观察者和评论者，我可能会说："哦，我怎么能够知道，我看到的景象并不是真实的？"

但我没有受到任何化学药物的影响，而且这个老者刚刚说了"脾脏"一词，用的还是英语。他是怎么知道的呢？

我的思维运转得越来越快，我想要弄清楚马哈拉杰先生为什么会知道这一点。最终，就像一台产生了无法解决的问题的电脑一样，随着铃声响起，红灯闪烁，机器停止了运转。我的理性思维停止了。这根本就是想不明白的事情！

其次，在同一时刻，我体验到了一种强烈的绞痛感，胸口如同被人拉拽着一样疼，而且我开始哭泣。后来我才知道，那是我的心脏中心的瑜伽穴位正在开启。我抬头看着马哈拉杰先生，而他充满挚爱地看着我。我意识到他知道有关我的一切，甚至知道最令我感到羞耻的事情，但他并没有对我评头论足。他只是用无条件的爱爱着我。

我哭啊，哭啊，哭啊……我既不难过，也不幸福。我只能说，我哭，是因为我回家了。我带着沉重的包裹上山，现在我到了目的地。旅行结束了，我已经完成了我的探索。

那种多疑和偏执——包括其他一切杂质——完全从我身上

被冲刷掉了。留给我的只有梦幻般的爱与平和的感觉。我在马哈拉杰先生的无条件的爱当中，感觉到了自己的存在。我从未被爱得这么彻底。

后来，马哈拉杰先生给了我一个教名：拉姆·达斯，意思是"上帝的仆人"（"拉姆"是印度教上帝的化身之一，"达斯"是指仆人）。他还派了印度著名高僧和瑜伽大师哈利·达斯·巴巴做我的老师，在接下来的五个月，指导我学习瑜伽和克己。

最初的修行

在马哈拉杰先生的那所山间小寺庙中接受瑜伽训练的几个月里，我感觉十分快乐，就好像有某种光芒从我的脑海中倾泻而出。

在那期间，我不得不去德里一趟续签我的签证。我是作为一个瑜伽修行者而去的。我留了长发和长胡须，还戴着念珠，而且穿着白色衣服。当我赤脚走过新德里中心的康诺特广场时，我随处都可以感觉到那种印度语中的"沙克蒂"（精神力量）。我热爱这种感觉。我那全新的自我意识产生的满足感，也在一路陪伴着我。

我提交了我的签证申请，从美国运通公司服务处那里领取了邮件，然后去一家纯素食餐厅吃午饭。我饥肠辘辘，但保持着我的瑜伽的纯度。印度人都很尊敬修行者，而假如你是来自西方的白衣修士，那就会格外不同寻常。因此，我在他们眼中倍加神圣，他们也非常尊敬地看着我吃饭。我吃的是特殊的素食，而且吃得相当自觉而虔诚。

我快要吃完时，他们送来了一份包含两块英式饼干的甜点。我知道这并不属于修道者的食物。值得一提的是，当你变得纯净时，你可以闻到哪种食物是纯净的，哪种是不纯净的。但是，我的胃里始终有一个犹太小男孩，他渴望吃这种饼干。所以，虽然我看起来很圣洁，但还是小心地把那个盘子倾倒过来，将那份甜点倒进我随身携带的袋子。我当时看起来好像是在思考某种神圣的东西。在餐厅外的那个巷子里，我迅速地吃掉了那两块饼干。

然后，我坐了八个小时的公共汽车回到山里，当我进入那个寺庙时，我去触摸了马哈拉杰先生的脚。我抬头看着他，他说："你觉得饼干好吃吗？"

简单的真理

我一直希望能从马哈拉杰先生那里得到深奥的教义，但当我问到"我怎样才能开悟"时，他总是对我说："爱每个人，服务于每个人，心里要牢记神。"或者是，"为人们提供食物。"当我问"我如何敬拜神？"时，马哈拉杰先生说："敬拜神的形式并不是唯一的。任何形式都是有效的。神存在于所有事物当中。"这些简单的教导——爱、服务和牢记，成为我的人生的路标。

马哈拉杰先生能够看出人们的想法，除此之外，他还知道他们的内心。

这让我感到震惊。就我自己而言，他打开了我的心灵，因为我发现，他知道为了了解我而必须知道的一切，甚至是我最黑暗和最可耻的缺点，但他还是无条件地爱我。从那一刻起，我想要做的就是分享那种爱。

虽然他知道我会喜欢永远和他待在一起，不过在1967年早春，马哈拉杰先生告诉我说，我现在是时候回美国了。他说，不要对任何人说起他。我不觉得自己做好了准备，因此我对他说，我觉得自己还不够纯净。他专注地上下打量着我，看着我的眼睛，说："我看不到任何杂质。"

在我离开印度之前，有人告诉我说，马哈拉杰先生已经为我的书送出了他的祝福。我回答说："那是一种什么样的祝福？还有，那是什么书呢？"须知我当时还没有去写一本后来叫做

《找到自我》的书的计划。

当我坐在德里机场等待离开印度时，一群美国士兵一直盯着我。我留着一头长发，满脸胡子，穿着白色印度长袍。一个士兵走近我，说："你是什么，某种酸奶吗?"当我在波士顿下飞机时，我的父亲乔治在机场接我。他看了我一眼，说："快上车，趁别人还没看见你。"我心想："噢，这会是一次有趣的旅程。"

在经过四十年的时间，而且有过一次几乎致命的中风之后，这仍然是一个相当独特的旅程。"活在此刻"这一原则，和我的关系甚至更加密切。珍惜当下，与身边的一切和谐相处，让我变得快乐知足。这种修行使我只要在这个世界上活着，我就会去爱，去服务于他人。当你完全沉浸在当下时，每一个瞬间都会让你的精神变得无比富足。

那种感觉就像是时间变慢了一样。当你的心灵安静下来，你就会浸泡在爱的溪流中，而且如同呼吸一样，你会自然而然地从一个温馨时刻过渡到下一个温馨时刻。

无论出现什么情况，我在当下都会用爱去拥抱它。这就是我擦亮那面镜子，以便反映马哈拉杰先生的爱的实践过程。在这一刻，只有爱和意识。如果有人问我怎么进入自己的心灵，我会让他们采取这种做法：让你的意识充满爱。

在印度，当人们见面并且分别时，他们会说 Namasté，它所表达的意思如下：

我尊敬整个宇宙在你体内的驻留。
我尊敬爱、光明、真理与平和在你体内的驻留。
我尊敬你和我可以在你体内的驻留，
那里只有我们的存在，我们的自由。

拉姆·达斯
毛伊岛
2013 年 8 月

第一章

擦亮那面镜子

心灵之域

瑜伽的本质是融合——和宇宙融为一体。瑜伽概念的核心，帕坦伽利的《瑜伽经》① 是以 Yoga citta vritti nirodha 开头的，意思是"摈弃杂念，瑜伽的意识就会出现"，言下之意就是，只要让心灵平静，深层次的精神就会自然显现。

冥想，这种旨在平息、凝聚和净化心灵，从而使之与精神并行的心灵修行过程，是瑜伽的基础。虽然冥想可能从擅长思考的头脑开始，而且你可以从思维层次进入意识层次，但冥想本身会超越思考的大脑。冥想来自于这一真理：你到底是谁，

---

① 印度圣哲。大约在公元前300年，帕坦伽利撰写了《瑜伽经》，赋予了瑜伽所有理论和知识，形成了完整的理论体系和实践系统。

要比你认为你是谁更重要。

你越是希望知道你到底是谁，为什么会来到这个星球上，你就越是被那个真理所吸引。当你被引向真理时，你就会开始把扭曲和缩小你的眼界的各种附着物丢在身后。

你的思维可以带你进入精神领域，也会使你固步自封，让你着迷于你的自我意象。西方文化会美化人的思维，但实际上我们还有其他认知方法。思维的大脑只是我们自身的一部分。融合的现实性和实用性，要大于感官和思考提供给你的东西。

迷恋于表面的自我，会使你意识不到真正的自我的存在。你认为你是谁，以及你认为世界应当是怎样的，这种惯性模式会不断让你进入被隔离状态。这些都是思维习惯。因为这些附着物的性质使然，你只能看到你能够看到的东西，从自我的角度来看，你看到的世界是一个具有主体和客体、本我和外物的世界。

沉思是一种更巧妙地运用智力的手段。这也是耆那瑜伽的一种形式，是获取知识和智慧的路径。这种心灵瑜伽可以使心灵自我反省。例如，每天早晨外出时，不妨都带着一本经书，一边阅读一边思考。不需要读很多页；只要有一个想法，并且不时地坐下来考虑十分钟到十五分钟。

在一整天的时间里，都不妨重复这个过程。

如果我们反思耶稣的爱的本质——镇静、善良或者慈悲的禀赋，我们就会开始具有这些特质。印度圣哲室利·罗摩克里希说："如果你就你的偶像展开冥想，你将获得偶像的特质。如果你昼夜想着神，你将获得神的特质。"

你不可能知道它；你只能成为它

如果你正在读这本书，你就已经认识到，你正在踏上一次精神之旅。你可以理解这一事实：从我们孤立的幻觉加以判断，我们所感受到的是相对现实，它在印度被称为 māya，是主体和客体投射的幻象。在你的周围有不同层次的相对现实。在探索信念的过程中，审视各种相对现实是有帮助的。

许多人是那样关注物质生活，以至于精神因素与他们全然无关。他们没有感觉到，在表面的现实之后，还有另外一个同样真切的现实：精神层面的现实。

当你开始觉察到你的困境时——你被困在幻觉中——就会开始看穿幻觉面纱那种梦幻般的特质。所有过去被认为是真实的东西，你现在会将其视为 māya（幻觉）。

动机和欲望会影响我们的感觉。我们看到的未必是事物的本来面目。我们看到的只是我们眼中的事物。我们的愿望系统创建了我们的感知宇宙。从这个意义上说，你可以认为，我们的现实是我们如何自我认同的一种投射物。哈利·达斯，我在印度修行的那位瑜伽老师，曾经在黑板上这样写道："如果一个扒手遇到一位圣人，他看到的只是圣人的口袋。"在《懒人的开悟指南》一书中，作者赛迪斯·葛拉斯说："你永远不必改变你看到的事物。你只需改变你看待它们的方式。"

葛吉夫，一位伟大的灵修导师（在 20 世纪最初几十年，他曾在欧洲和美国传播他的学说）指出，如果你认为你是自由的，却不知道你是在监狱里，那么你就无法逃脱。葛吉夫认为，我们都被关在我们的思维习惯的监狱里。除非我们明白自己是如何被各种欲望所影响，不然的话，我们就会始终停留在它们创造的现实中。这就像是一个包含广告的电视节目，当我们观看那个节目时，随着广告一遍又一遍地不断重复，就会把特定的信息植入我们的潜意识。

超越思维

在西方世界，我们会以理性、知识和研究而获得奖赏。但是，只有当你看到你一直采用的那些假设是无效的，只有当你对通过理性思维达到目标感到绝望时，真正改变你的思维的可能性才会出现。阿尔伯特·爱因斯坦说过："如果人类要生存下去并走向更高层次，拥有一种新型思维是至关重要的。"他还说："思维只能够达到它到目前为止所了解且能证明的程度。思维会在某一时刻产生飞跃——你可以称它为直觉或者随便别的什么——并且进入更高的意识层次，但永远不能证明它是如何到达的那一层次。所有伟大的发现，都涉及类似的一种飞跃。"根据印度吠陀梵语①的记载，古代先贤说，有三种方法可以进入意识层次并获得灵性的知识：

- 首先，也是最直接的，就是通过自己的经验。
- 其次，从你了解的博学者那里听到它们。
- 第三，用你的逻辑头脑从书本中学习。

那么，其他用以洞悉或者体验生活的方法，以便与内心产生有效的共鸣的手段怎么样呢？爱因斯坦说："我并不是通过我的理性头脑取得我对宇宙基本规律的认识的。"他是通过直觉做到这一点的。直觉是我们其实并不了解的某种东西，虽然我们总是在使用它。我们会说，某个人是直觉地知道了某种东西，

---

① 早期印度梵文的一种。

这意味已经进入了一个主观而非客观的认知方式。实际上，除了通过感官和思维的头脑之外，还有其他认知途径。

在 1906 年，威廉·詹姆斯在《宗教经验种种》一书中写道：

> 我们正常的清醒意识……仅是一种特殊类型的意识，与它一墙之隔，还存在其他完全不同的潜在的意识形式。我们在生活过程中，可能并没有意识到它们的存在；但是，通过必要的刺激并经由一次精神的触碰，它们就可能在某个领域得到完整和系统的运用……
>
> 让其他意识形式遭到全然的漠视，这与宇宙的基本原则格格不入。如何看待它们是一个问题……它们可能会决定态度，虽然它们不能提供既定的公式；可能会打开一个领域，虽然它们没有给出一张地图。无论如何，它们禁止我们过早地关闭与现实的更多沟通途径。

人们在日常生活中，首先会以令人难以置信的众多方式觉察到意识层面的存在。有些人似乎通过创伤体验，感觉到这一层面的存在，正如人们在临近死亡时描述的情形。在某些时刻，他们能够比惯常的思考方式触摸到某种更深层次的东西。有一些人通过冥想或宗教经验实现了开悟。还有一些人是通过性或者药物实现了这一点。

我记得早在20世纪70年初期，有一次在一个大厅里举办讲座的情形。我的大部分听众那个时候还很年轻，他们往往穿白色衣服，总是面带微笑，女性的头上经常戴着花朵。我穿着白色长袍并且留着长长的胡子。在前排有一位大概70岁的妇人，戴着一顶嵌有假樱桃或草莓之类的东西的帽子，穿着黑色的牛津鞋和印花裙，拎着一个黑色漆皮袋。我看着她，想不出她是一个什么样的听众。她看起来与其他所有人是如此不同。

名曰讲座，但我更注重与听众之间的交流，因此它就像是一个探险俱乐部的一次聚会，而我们会坐在一起并分享经验，仅此而已。我开始描述我的人生经验，其中一些相当独特。我看着她，而她一直在会意地点头。我简直不敢相信她能够理解我说的事情。我描述的是我使用迷幻化学品而获得的体验，那是涉及其他意识层面的体验。我开始更多地注意她，而她一如既往地仍在点头。我开始觉得，也许她的脖子有什么问题，因此，她的举动可能压根儿就和我说的话没有任何关系。我继续观察她，越来越感觉好奇和不可思议，而她还是在不断地点头，点头。

在讲座结束时，我带着那样明显的微笑和专注之情看着她，以至于她径直走上前来和我交谈。她对我说:"非常感谢您。您的讲座很有意义。我理解您说的事情,我对宇宙的感受和您完全一样。"

于是我说:"你是怎么知道的?我的意思是,你在生活中做过什么事,使得你有了这类体验?"

她有些诡秘地俯身向前,悄悄地对我说:"我经常用钩针织毛衣。"

在那一刻我意识到,人们会通过比我所预期的多得多的人生经验,实现对更高层次的精神和意识的理解。

开悟过程的一部分就是会认识到,我们视为绝对的现实只是相对的。你需要做的就是从一个现实转移到另一个现实,这样一来,你过去以为是真实的现实就会开始崩塌。一旦觉醒的种子在你的身体里生根发芽,那就会不可避免地进入新的意识层次。

其实,我们都知道,现实是相对的;我们从童年起就知道这首儿歌:"划呀划呀划小船,小船平稳向前行。多快乐呀多快乐,生活就像一场梦。"生活就像一场梦。

摆脱思维和感官的束缚

通过修行而自我净化的一个目的，就是要让思维变得冷静下来，这样，我们就不会为自身带来如此多沉重的业力。我们总是过多地沉溺于头脑的创造物。我们不妨再次听听爱因斯坦的话："人类的真正价值，可以从他自我解放的程度而获得体现。"

我们应当努力摆脱习惯性的思维模式和感官体验的影响。要想在这些方面获得进步，我们可以通过展开冥想或者修行"奉爱瑜伽"而提高自己的专注力，让思维平静下来。随着这些实践的不断深化，更高的智慧就会随之而来。

训练思维的过程充满了悖论。你只有把它完全放弃，才能够让它充分发挥作用。关闭你的思维。在你的思维之外，还有一个为你带来智慧的渠道——相信这一点。耶稣告诉我们，我们只有变得像小孩子，才可能进入天国。那种孩子似的思维，在禅宗当中有时被称为新手的思维，是人类纯粹的童心，是无条件的爱的源泉。

如果我们要活在那个纯粹的自我状态，我们内心的某种东西就必须死亡。这就像是一个毛毛虫变成一只蝴蝶的情形一样。

毛毛虫不会成为一只会飞的毛毛虫；它会摇身变成一只蝴蝶。

这是无路之路。这一旅行的最终目的，就是要接触到你体内最深处的真相，实际上，就是要回到你在迷路之前所在的最初位置。去掉思维的包裹物，就如剥掉洋葱的层层表皮一样。你需要把它们全都剥掉，才能够触及你的本质。精神之旅所涉及的核心使命，并不是获得你的外部的某种东西。事实上，丢弃那层层面纱和包裹物，会让你回归自己的本原的最深处，那就是你的灵魂，或是印度教中所谓的"阿特曼"，或是佛教中所谓的纯粹的佛心。① 耶稣说，"天国就在汝之心里"。它是与宇宙和谐一致的意识空间，它是智慧本身。神的全部精神，就在我们每个人的内心深处。

当你想接近神时，只需要进入你的内心深处。

实现开悟

清理那些会分散你的精神的自我束缚之物，被称为净化。净化是摆脱传统意识的过程。这就是说，你会发现，你是一个经历一次生命的灵魂，人生的整部剧，都是为你的觉醒和开悟

_____

① 佛教术语，指觉悟之心或慈悲之心。

准备的一个脚本，而你不仅仅是那部剧的普通角色。你是一个拥有人的经验的灵魂。你的全部人生经验，可以帮助你接近上帝，实现开悟，获得解放。归根到底，这一切都取决于你目前所做的一切。这也会帮助你辨别哪些想法、情感与行动能够使你更接近上帝，获得属于你的自由，哪些会让你远离这一目标。

不要让日常讯息填充你的心灵，而是要让心灵装满那些能够帮助你解放出来，变得更具开悟性的东西。当你更多地意识到什么可以让你接近上帝、什么会让你远离上帝时，你就会自然而然地放弃后者。这就是净化。你这样做的目的，更多的是为了接近上帝，而不仅仅是为了自我净化。

那么，你如何充分察觉所有那些无意识的影响呢？

进入你的内心世界、你的意识的最深处，并观看构成了你的整个人生的那部戏剧。当你让思维变得足够安静从而超越你的自我时，你便能够开始听到灵性的声音。接着，你就会以无与伦比的同情心看待你自己和芸芸众生。你可以把这一来自你的灵魂层面的过程称为意识见证过程。它是擦亮那面镜子的另一种途径，可以把你的思维的大脑与你的意识的大脑连接起来。

你可以观察你的行为和想法，增强你活在当下和找到自我的能力。因此，当你与一个烛火相伴时，你就会成为那个烛火本身及其观察者。当眼前有一个需要完成的任务时，你就是那个任务本身和那个任务的观察者。这就是见证的含义。重要的不是你去做一件事，而是如何去做那件事，你的行为决定了你的本质。

见证者的特征

见证者不会做出评价；它不会判断你的行动，而仅仅是做出记录。这是一个微妙的过程。参与见证的观察者，可以观察到他（她）本身作为观察者的情况。这其实是同时存在的两个意识层面：见证者和自我。见证会和灵魂层面联系在一起。

起初，你可能会分心，只是不时地想起需要见证这件事。以后你会逐渐发现，虽然你仍会沉睡并错过见证过程，但你很快就会想起再次见证。只要做到这一点即可，你不需要改变什么。最终，事情自然会发生改变。经过一些练习和实践，整个过程将变得更加微妙而有趣，你甚至一整天都会专注于见证过程，观看人生的戏剧逐渐展开。见证过程会时刻发生，它存在于人生的每一个瞬间。

你会问自己，"为了找到自我，我如何运用我的每一刻？"你无须保持一种紧张的态度，不要总是想着"我得小心；我可能会犯错误"。尽量让自己放松下来，从容地面对一切，做到自信、平静、坦然。

　　你的意识见证过程离不开爱的感觉和平静的头脑。外出汲水的印度农村妇女在从井边往回走时，彼此间会说个不停，但从来不会忘记顶在头上的水罐。水罐是你的旅程当中不可缺少的东西。所以，不管你在生活中做什么，都不要忘记那个水罐，不要忘记它对你很重要。

　　幻觉会不时地让你回到容易忘却的状态。当你迷失于你的人生闹剧时，就很容易忘记该做的事情。有时候，你会让你的水泼溅出来。你会不断地忘记，想起，忘记，想起。这是人生的常态。尽可能让你的眼睛盯住目标。

吸气，呼气

　　你迟早会找到最佳的平衡状态。你会让你的生活变得更简单、更和谐。你会越来越多地体验到顺其自然的美妙感觉。你将学会倾听，学会关注人生的本原状态，而不是强行为它添加一种结构。强加结构并不会让你自由。你对你的故事主线及其发展过程的迷恋会逐渐淡化。当你学会如何生活在当下时，类似于"我会成为什么样的人？"和"我长大以后会怎样？"之类的问题，将会变得无关紧要。所有这些模式都会消失。你只需自在地生活和行动，只需停留在你所在的地方，只需与你身边的任何事物共处。你可以聆听属于你的律法，选择属于你的精神生活方式。

奥尔德斯·赫胥黎这样提醒我们："人体的存在总是短暂的，精神总是永恒的，而心灵是一种两栖生物，它受制于人类自身的律法而与人体在某种程度上连接起来。如果心灵怀有足够多的愿望，它就能够感受到意识的存在并与其合而为一。"

你的整个一生都可成为一个冥想过程。这不仅仅是坐在你的冥想垫子——也即你的座蒲或者蒲团上面。你的整个一生都是一个大蒲团，不管你是在开车、在做爱还是在做其他任何事情。你的冥想可以时刻发生。

这是一种活在当下的实践过程。

当你静心冥想时，就会开发心灵的力量。你需要做的，就是集中注意力并侧重于一点，并且顺应自己的呼吸，重复一句口头禅或者所谓的咒语。你需要培养让思维集中于一个念头的能力，让整个身心完全聚焦在这个念头上，屏蔽掉其他任何思想杂质。此时，你并没有让大脑停止思考。你只是让它自然地运转。但是，你要让一个特定的念头不断浮现。你要让注意力一再地回到那个念头上。"吸气，呼气"，或者是，"上升，下降"，或者使用你的口头禅："拉姆，拉姆，拉姆，拉姆，拉姆，拉姆……"

无论你是在吃饭、睡觉还是做爱，都要不断重复"拉姆，拉姆，拉姆……"，这可以使你的人生变得精神化。你可以通过维持一个参照物——它具有让你变得聚精会神并且增强屏蔽外在影响的能力这一双重作用——而实现意识的全面转化。马哈拉杰先生告诉过我，"让你的思维聚焦于一点，你很快就会得到回报"。

让冥想过程视觉化

坐直身体，让你的头、颈和胸部都在一条直线上。专注于你的胸部中间心脏的部位，那里是你的意识核心所在的位置。把嘴闭上，用胸部呼吸，专注于心脏，想象你是在用自己的心脏呼吸，并且做深呼吸。

因为你的追求所具有的纯粹性，众生高贵的灵魂都会与你为伴。随之而来的，就是协助你孕育出各种生命形式的精神实质。你可以把那种实质想象成是一种充满空气的金色的雾。你在每一次呼吸的过程中，不要想象自己只是吸入空气；想象你是在让这种金色物质进入你的体内。用它填满你的身体；让它在你的整个身体里流动。

你正在吸入宇宙的能量，也就是所谓的沙克蒂。让它填满你的整个身体。当你每次呼气时，你呼出的都是妨碍你了解真正自我的杂质；呼出所有的隔离感，所有的自卑感，所有的自怜情绪，所有导致你的痛苦的要素，不论它们是身体上的还是心理上的；呼出愤怒、怀疑、贪婪、欲望和迷惑。

吸入上帝的气息，呼出所有妨碍你认识上帝的障碍物。让呼吸成为改变你的力量。

现在，让进入你体内的金色之雾凝聚在心脏中间；想象它在那里形成一个小如拇指的形状，并且恰好落座于你的心脏中间的一朵莲花上。注意它给你的内心带来的沉静感和光明感。此时，你需要充分运用你的想象力。

当你感受它的存在时，会发觉它正在给你带来光明。注意那道光如何倾泻而出。当你默想它的活动状态时，体验一下它释放出的平和之气。当你看待它的存在状态时，你要想象它是一种能够带来大智慧的存在物。它安静而泰然地停留在你的心脏中间。感觉它的慈悲和仁爱。让自己的身心充满它的爱。

现在，让那个小物件慢慢地变大，直到填满你的身体，让它的头部、躯干、胳膊、腿脚分别填满你的头部、躯干、胳膊和腿脚所在的空间。现在，你全身的每个细胞都充满这个存在物——一个具有无限智慧的生命，一个具有最深切的同情心的生命，一个沐浴在幸福中的生命，一个会自动发出灿烂光芒的生命，一个能够带来完美的宁静感的生命。

让这个存在物继续增大。感受自己的体积跟着一并增加，直到房间周围的一切都在你的体内。所有的声音，所有的感官体验，现在都来自于你的体内。

继续增大。感觉你的宏大，你的平静，你的泰然。

你的头伸入天空。继续增大，直至你所在的城市，你的整个周遭环境，以及其中所有的生命都被囊括在你的体内。感受人类的生存状态；看到他们的孤独、快乐、慈爱、暴力和偏执；看到一位母亲对她的孩子的爱；看到人类的疾病以及他们对死亡的恐惧——看看所有这一切。它们都在你的体内。用你的同情、关怀和平静之心去看待它们。感受通过你的身体运行的那道光束。

让你自己进一步变大。感觉你的宏大仍在增加，直到你坐在这个星系中间，而地球深藏在你的腹腔里面。所有的人都在你的体内。感觉那种混乱和渴望。体会那种美妙之感。安坐在这个宇宙里的你沉默，宁静，富有同情心，充满大爱。所有这些人类思维的创造物都在你的体内，带着慈悲之情去看待它们。

继续增大，直到这个星系以及其他每一个星系都在你的体内，直到你能想象到的一切都在你的体内。所有这些都被你所吸收。你是那唯一的存在。感觉你的孤独，你的沉默，你的安宁。

你的周围没有其他存在物；所有意识层次都在你的体内，所有的存在物都在你的体内。

你来自远古。所有过去、当前和将来的事物，都是你的生命之舞的一部分。你是宇宙，因此你拥有无穷的智慧；你会感觉到宇宙的所有感受，因此你有无限的同情心。让你的存在的边界消解，让你自己同周围所有无形的东西融为一体。让自己以无形的姿态停留一会儿，体验超越同情、超越大爱和超越上帝的感觉。让这一切成为最完美的生命体验。

温柔而缓慢地让你这个宏大的存在物的边界恢复原形。让所有的一切都在你的体内保持沉默。让你自己发生逆向的变化——开始慢慢地变小。通过众多的宇宙进入这个宇宙，直到你的脑袋再次处于行星之间，而地球在你的体内。继续变小，直到你的头回到天空中，而那些城市在你的体内。

让你身体的规模继续回落，直到你的头位于你的房间顶部。在这里停留一会儿。从这里往下看进房间，你会看到当你开始这次冥想过程时，你眼中的那个自我的存在物。看着那个生命，那个将承担全部的爱和慈悲的生命。回顾这个生命以不同化身完成的旅行；回顾它的恐惧、它的疑虑以及它与其他事物的关系；回顾所有让它无法摆脱并妨碍它获得自由的念头和事物；回顾它曾多么接近于了解自己的本质。观察那个存在物的内部，你会看到灵魂的纯度。

运用你的思维，想象自己正在把手伸向下方，轻轻地放在这个存在物的头上，赐给它祝福，祝福它在此生获得真正的智慧，同时体验赐福者和被赐福者的感受。

现在，回到你开始这一变化过程时你所认为的那个身体的内部。你仍是一具血肉之躯，你是一个拥有光芒和智慧的生命，一个因为得到真理点化而拥有同情心、因为与浩瀚的宇宙融为一体而具有爱心的生命。那种大爱与平和，正在从你的体内倾泻而出并赐予芸芸众生，就像是为所有迷途者指路的一盏明灯。

不要忘记那些你过去感觉不那么喜欢的人。关注他们的灵魂，用此刻的光明、大爱与平和氛围将其包围。丢掉你对他们的不满与恶评。

将爱与平和之光照向那些生病的人，孤独的人，恐惧的人，迷路的人。分享你的祝福，因为只有给予，你才能继续得到回报。当你踏上这一精神之旅时，你要承担起分享你得到的赐福这一责任。这是完满人生的一部分，是履行上帝旨意的一种途径。

你的体内那个完美的充满光明的存在物，将再次回归它那如拇指大小的初始状态。你会再次看到它端坐在你的胸部中央，也即你的意识核心的一朵莲花上，它光彩熠熠，充满祥和与同情之气。这就是爱。这就是智慧。这就是你内心的上师。这就是你体内那个无所不知的生命。这就是当你超越你的思维时，你通过更深层次的直觉遇见的生命。这就是存在于你体内的那个完整宇宙的微小形式。

在任何时候，你只需要坐下来，让思绪归于平静，就会听到这个存在物指引你找到回家之路。当你完成这个旅程时，你将会消失在这个存在物中，与它完全合而为一，这时候，你就会知道伟大的印度教导师罗摩纳在说到"神、上师和自我系出一体"时的含义。

第二章

奉爱瑜伽：虔敬之路

瑜伽，其本意是身体、心灵与自然和谐统一。奉爱瑜伽是表达敬畏之心的途径，是崇敬神和吸收神之爱的途径。奉爱瑜伽的践行者是爱者，而神是受爱者。奉爱瑜伽使用的是相互关系的二元论，意味着爱者用全身心的爱与受爱者融为一体。奉爱瑜伽是心灵治愈之路，通过人类的情感在人与神之间建立起联系。践行奉爱瑜伽的过程，会唤醒这种大爱。

我们可以为受爱者歌唱，我们可以祈祷，我们可以只是安坐于圣者或先哲的神像前面，或者说，我们可以只是沉浸在想到神而产生的甜蜜感觉中。

一旦涉足这一爱的河流中，你需要做的，就是让它带着你走向海洋。当有人问起马哈拉杰先生如何冥想时，他说："像基督耶稣那样冥想……他总是让自己沉浸在爱的感觉中。"

当你在冥想中敞开心灵而让思维变得平静时，虔诚之心会带来有益的辅助作用。向我们崇敬的对象敞开心灵，能够进一步擦亮那面反映意识核心的镜子。正如我们稍后会探讨的那样，这种爱的能量，也会让其他方法发挥更大的作用。

敞开我的心灵，我的头脑就更容易发生改变。这实际上就是虔敬的本质——通过这种方式，你就很容易把思维转向某个确定的方向，因为那种爱是如此诱人，因为它会给你带来太多的喜悦。罗摩克里希说："就对于神的爱而言，奉爱瑜伽是所有修行的精髓。"

你可以随时践行奉爱瑜伽。当你完全沉浸在这一修行过程中时，借助于平静的思维和开放的心灵，你将会体验到来自意识核心的大爱。奉爱瑜伽会使你感受到这种具有神性的爱。

你可以说，奉爱瑜伽是神与灵魂之间的爱的互动。

奉爱瑜伽使用爱者与受爱者的二元关系，让我们体验到爱的本质，成为爱的化身。爱所具有的内在的力量，可以使我们超越我们独立存在的局限性，超越我们的自我，进入阿特曼，也即我们的更高层次的存在。我们个人情感的爱，将被吸收到无所不包的无条件的大爱之中。正如印度灵性大师美赫巴巴所说："大爱者可得永生。"

在所有形式的瑜伽当中，在所有的修行途径中，在所有获得圆满的方式中，奉爱瑜伽被视为真正的捷径。践行奉爱瑜伽，你其实不必做任何事；你只需让自己放松下来，并且敞开心灵。不管你叫它神之爱还是上师之爱，还是旨在探索有关你的真相，这都无关紧要。你如何思考它的本质都不重要。与神互动的情感浪潮是如此激烈，以至于它能够超越你的思维的大脑。这种敬畏和虔敬，会渗透于你在日常生活中所做的每一件事。在梵文中，那种灵魂的喜悦被称为 sāt cit anānda："真理—觉悟—至福。"或者你也可以说："觉悟真理是一种至福。"

虔敬神是大多数精神修行传统的基础，尤其是与情感和狂喜而非知识有关的修行传统。爱不单单是一种概念。我们不能只是坐下来，从知识层面去考虑奉爱瑜伽或者虔敬究竟是什么。它必然和心灵有关，而且你需要在一个未必是概念化的领域体验心灵之旅。潜台词就是，你越是努力尝试思考表达虔敬的恰当方式，就越是很难做到这一点。孟加拉诗人希拉勒·哈菲兹说："啊，虽然你试图从理性习字簿上学习爱的奇迹，但我恐怕你永远不会真正掌握要领。"

我们可以思考和谈论奉爱瑜伽，但我们体验它是通过其他各种途径：唱诵或诵经；神秘的宗教诗歌；圣徒回忆录；打开心灵的咒语。爱的开放性是永恒的。当你与另一个充满爱的人在一起时，你们会共享彼此的存在和彼此的价值。你们都会感受到爱带给你的力量。

当我听到我的第一个爱的故事时，

我开始寻找你，

虽然我并不知道，

这样做有多么盲目和偏执。

恋爱者最终并不会在某个地方相遇，

他们自始至终都合而为一。

《鲁米》①

我们许多人在陷入爱河、被吸收到宇宙之流当中时，都害怕放弃我们具有判断力的头脑。在神性之爱当中，信念可以使得放弃的过程变得更容易。在两性爱情关系中，这是一个微妙的平衡，因为情感关系会给我们带来恐惧，让我们的心灵变得脆弱。

理解这种情感（两性之爱）与神性之爱之间的区别，有助于舒缓这些忧惧。虔敬神是真正安全的情感，因为爱的对象最终是你的真实自我。

在《突破修道上的唯物》一书中，藏族上师创巴仁波切谈

---

① 出生于阿富汗的伊斯兰教苏菲派诗人鲁米的一本诗集。

到了对于两个人之间精神传递的那种必要的东西——开放性的
关系、信任以及温情。

《易经》对于那种关系作了另一种表达："子曰：君子之道，
或出或处，或默或语，二人同心，其利断金；同心之言，其臭
如兰。"

我要如何爱汝

葛吉夫谈到过爱的三个层次：首先是生理层次，也即性的
层次——"让我们做爱吧"。然后就是两性的浪漫之爱，也即爱
一个具有某种个性的对象。两性之爱包含嫉妒、占有欲和所有
的人际心理动力学。当你说"我爱上了某某人"时，你真正的
意思是，"某某人让我感到兴奋，让我沐浴在爱河中"。第三种
是有意识的爱，也即精神之爱。浪漫之爱和精神之爱是有区别
的，理解这一点很重要。要想把两性之爱变为含义更丰富、更
具意识性的爱，我们必须把它再升一级。有意识的爱或精神之
爱，是无条件的爱，是灵魂的爱。进入有意识的爱的空间，你
就会变成爱的源泉——不是仅仅爱某人或某物，而是成为大爱
的载体。

这并不是说，这些层次的爱实际上是彼此分离的，或者说，

一种爱不可能包含另一种爱——比如有的神性之爱当中可能包含性爱（这是密宗的做法，是一种使用外部能量进行内部转化的瑜伽）。奉爱瑜伽专注于精神之爱，专注于灵魂对神的爱。

哪怕我们只是在瞬间看到，爱他人就是在爱他们的精神的化身，而不包含去爱我们自己。那么，在我们的心里，对方就还没有成为另一种形式的受爱者，另一种形式的神。爱的本质或真理是：爱在我们所有人的体内，我们因为爱合而为一。

Rām hi kewal prema piyara

Jnani leo jo ja nani hara

爱，只爱"爱"的本身

谁知晓此道，谁就知晓一切

图尔西达斯①译《罗摩衍那》

爱是一种存在状态

当我感觉到"我即是爱"时，我在任何地方看到的都是爱。

---

① 最伟大的印地语诗人，曾将古典文学《罗摩衍那》译成印地语。正是通过图尔西达斯的诗篇，罗摩的故事才在今天的北印度广为流传。

这种体验非同寻常。想象一下，你在每一个人和每一种事物上面都能够看到爱的情形。爱并不需要你做任何和它有关的事情。我们在爱的感觉中都会感到得心应手。只要被爱的感觉所包围，我遇到的人都会敞开心扉，我所去的地方都令人感到温馨，因为我处处而且时时都能够感觉到爱的存在。于是，突然之间，我们如同置身于爱的海洋，这就是基督耶稣的爱的含义。爱不是可以占有的东西，我们无法收集它，我们只能成为爱本身。

当你变得越来越虔诚，注意力越来越侧重于受爱者时，你就会进入一个更深层次的自我。情感和浪漫的属性，会让位于一种全新的爱，它意味着每一个人和每一种事物都会成为你爱的对象。

只有当你开始明白爱是一种存在状态时，你才能够充满爱。如果你和我彼此敬爱，如果我们都栖居在内心深处的爱的河流里，我们就会因为爱合而为一。充满爱，意味着彼此共享一个慣常而美妙的意识状态。

印度圣女安达玛依·玛——她的名字的含义是"至福之母"——曾对她的信徒说："你们都是那样喜欢瞻顾和敬拜这个身体，以至于你们经常来找我，你们当中有许多人甚至不顾长途跋涉之苦。不过，这个身体与你们没有其他任何关系，只有阿特曼（普遍的灵魂）这一种亲近关系，这不只是这个身体与你们每个人共享的一种关系，也是它和其他所有的树木、所有的蔓藤和所有的叶子，以及与岩石、山脉等一切事物共享的一种关系。"

上师的恩典

当达达·木克吉——马哈拉杰先生的一个上了年岁的信徒——到新墨西哥州北部陶斯镇去拜访尼姆·卡洛里·巴巴静修所时，他惊讶地发现，那些虔诚的信徒都从未见过马哈拉杰先生本人。达达说："真正的奇迹是，这些信徒从未见过马哈拉杰先生，但却拥有同样的忠诚。"他们主要是通过《找到自我》和《爱的奇迹》了解马哈拉杰先生的。许多西方人已经意识到，如果你邀请马哈拉杰先生进入你的内心世界，他将与你同在。

这种爱、信任和开放的品质，会使你感受到他人传递的能量。正是马哈拉杰先生的爱和我对他的开诚布公，才使得他的祝福对我产生了影响。奉爱瑜伽发挥作用的方式是你只需体验爱的感觉，直到你和受爱者成为一体。当你敞开心灵并且付出爱时，恩典就会降临——它会自然而然地进入你的体内。

让我总是感觉到汝之存在，

在我生命的每一个原子之中。

让我不断地奉献我自己，

直至我完全透明。

让我的话语植根于诚信，

我的想法沉浸于你的光明。

啊，不可名状的上帝，你是我的精华，

我的由来，我的命脉，我的永恒之家。

《圣经旧约·诗篇》第 19 章

对我来说，受爱者的形式是我的上师马哈拉杰先生。因为上师是我的人生之路如此重要的一部分，经常有人问我，他们是否有必要拥有一个上师。这要看你如何理解上师的含义。随着你的探索的深入，你会开始理解，神、上师和自我其实同为一体。

因此，答案有不同的层次。一方面，有一个外部上师是没必要的，因为真正的上师是一个内部关系。在较高层次的自我意识当中，你就是上师。另一方面，只要你把自己认同为独立的个体，拥有一个个人导师，对于你把握正确方向是有帮助的。这要看你究竟需要什么。

在奉爱瑜伽中，受爱者的形式可能是你深爱的任何事物。

你可以在神、一个上师、一位教师、一朵花儿或者一个宠物身上找到它。

受爱者无处不在。你能够在你深爱而且可以让你打开心扉、让你产生共鸣的任何人或者任何事物当中发现受爱者。你只需要让那种爱使你敞开心灵，消解掉你的孤立状态的界限，并且与爱融为一体。

当你静静地坐在那里时，倾听你获得的启示，你会发现很多有价值的东西。你的思维越是变得安静，就越是能够听到来自内心的声音，并让它们来为你提供指导。

那么，你如何知道你的上师呢？上师会知道你的。你不需要去寻找上师。当你准备好时，上师就会出现，你自然就会知道。你对这一点无需怀疑。

上师是一面镜子，能够反映你的更高层次的自我，能够使你看到你自己身上那个爱和纯粹的自我所在的地方。你的上师可以是基督耶稣，也可以是某些人当中的任何一个。

你的上师将根据你提出问题的情况，通过一次又一次的教诲为你提供指导。某些指导可能会通过其他教师来实现，也可能经由特定的场合或者经历来实现。其他方面的教诲，可能来自于你的更深层次的修行所获得的内心体验。当你开始信任那种关系时，你会越来越喜欢那种存在感。让你的上师指导你，你就会开始看到每一种人生状况如何成为一种教诲，从而让你找到归属感。

在印度，几乎人人都知道，你没必要去寻找上师。事实上，是上师找到的你。

上师不同于一般意义的教师。教师会指明途径；上师就是那个途径本身。上师会从外部召唤你。他（她）是某个修行圆满的人，而教师是站在你旁边，并且为你指明道路的人。

我们称为上师的大多数人，实际上都是教师，他们的修行并不圆满。找到一个修行圆满的人的概率是相当低的，多数教师正在为他们自己的业力操劳；他们还有他们自己尚未解决的问题。教师可能会为你带来某种教诲，虽然他们自己远远不能代表全部真理。

从你的角度来看，如果你正带着纯正的心灵寻找真理，你就会把一个教师的教义的纯正性与他们的业障①分离开来。当你倾听内心深处那个上师的教诲，听见你的自我的声音时，你的辨别能力就会提升。然后，你会采纳一位教师传授的真理，你会使用它作为引导，进一步走好自己的人生之路。

即便你面对的可能是不适合你的教师，你也知道如何通过

---

① 佛教指妨碍修行的罪业。

你的意识做出区分，避开不属于你的地方，重新沿着正确的方向前进。如果你把宇宙间所有事物都看成是训练你的意识的途径——即便它为你展示的是不适合你的地方——那么，宇宙间的每一个人和每一种事物，都会成为你的教师和让你觉醒的工具。

我自己的教师就是以各种方式出现的。几年前，我应水族馆的好友约翰和托尼·丽莉之邀，与他们的海豚琼和罗茜一道游泳。人人都想与海豚游泳，我也想和海豚游泳，虽然我不明白为什么。当我进入水池中时，那是寒冷的灰色的一天。我想，也许这真的不适合我。但其他人都在看着，毕竟这是拉姆·达斯要与海豚一起游泳。

我进入水中，当这两个大家伙在我身边游过时，与我的距离非常接近。它们很是吓人。我开始踩水，并且感觉到有些不适。过了一会儿，其中一只海豚——罗茜——游了过来，开始在我的左侧徘徊，我于是伸手摸了摸它。我以为触摸一头野生动物，它就会被惊吓或者恼怒地游走，然而罗茜并未离开。

我开始抚摸罗茜的后背。它是那样出奇的柔软，就像是有很多孔隙的丝绸一样。我开始抚摸更多的部位。我所以为的那种野生动物的常规模式不再起作用——在那种模式中，它是不会允许我抚摸它的，因为我在它身上施加了相当大的压力。

　　在那一刻，我的思想放松了，我开始体验与罗茜相处的狂喜感觉。接着，它冲到了池子底部，但我仍留在水面处。当我并未跟随它到达池底时，它又返回来靠近我。当我终于放开手时，罗茜转过身竖起身体，开始垂直于水面，把它的腹部贴在我的肚子上。

　　我注意到，每个人都在看着我的肚子紧贴着这只海豚的腹部，于是我心想，"这样合法吗？这合乎道德吗？"我不由自主地用胳膊抱住它，并亲吻它的嘴，说："哦，罗茜！"我正在进入这种狂喜之境。我意识到，罗茜，作为我的教师之一，正在让我的思维进入到一种圆满时刻，并成为我得到的神秘启蒙的一部分。

　　教诲无处不在。你的上师正在某个地方，等着你做好准备迎接他（她）的到来。你不必远赴印度，因为上师和教诲永远都在这里，在此时此地。

神圣的关系

　　敬拜，是你的灵魂和神之间的一种恋爱关系。K. K. 撒赫，与马哈拉杰先生关系最密切的信徒之一，从童年时就和后者在一起。马哈拉杰先生委派他教导我，于是在印度的那些最初的日子里，撒赫就让我住在他的家中。下面是他所写的有关敬拜的话：

敬拜是轻松自然的，对于一个人在敬拜之际应该如何冥想，没有任何硬性规定。通过敬拜，一个人能够意识到爱本身的秘密。通过这种方式，一个冥想者会把宇宙看成是他（她）的受爱者的化身。

它需要的仅仅是信仰——绝对的信仰。这没有什么可以争论的，它是超越逻辑的。这就像学习游泳：一个人只有会游泳才能进入水中，而不进入水中，就不可能学会游泳。

一个人在接近受爱者时，可能有不同的态度或情感。假如对方是上帝，你可能会感觉上帝好像是你的孩子，就像尤什达（克里希纳①的母亲）对她的孩子克里希纳的感觉，或者是圣母玛利亚对婴儿耶稣的感觉。或者说，你可能会把上帝视为一个朋友。还有就是仆人对待主人的态度，

---

① 字面义为"黑色的神"（黑天），在印度教中，通常被认为是掌握宇宙之权的毗湿奴神的第八个化身。

这意味着你服侍主人的态度，也许就像《罗摩衍那》① 中的神猴哈努曼服侍拉姆一样。再有就是情人的态度，也即你会用丈夫或者妻子的爱看待你的受爱者。最后，还有伟大的圣贤、古印度瑜伽修行者的那种沉思和静虑的态度。

你要设法打开你自己的心灵，让自己更容易拥有对受爱者的这种爱。一种方法是通过萨桑也即圣徒的协助，与其他生灵体内的爱和真理的意识建立联系。品味你的受爱者的诸多形式和化身的故事——比如基督、拉姆或者克里希纳的传说——也能够带来这种爱。有的虔敬者会谦卑地抚摸上师的脚，从而达到敬畏上帝的目的。经常唱赞美上帝的颂歌，也有助于将思维和心灵凝聚于敬拜对象之上。对敬拜者而言，只要重复上帝之名，就能够感受到他的存在，然后带着坚定的信念，驾起生命之舟，穿过各种欲望的海洋。

---

① 罗摩衍那在梵语中意为"罗摩的历险经历"。这一著作与《摩诃婆罗多》并称为印度两大史诗，作者是印度作家蚁垤（跋弥）。全书是用梵文诗体写成，内容主要讲述阿育陀国王子拉姆（另译罗摩）和他的妻子悉多的故事。

马哈拉杰先生

专注于上师本身和上师的祝福或恩典（kripa），是奉爱瑜伽的特殊形式。大部分时间，我都在和我的上师相处，即使这只是抽象意义上的相处。关于他的想法和回忆，每天都会多次出现。我可能和别人一道坐在那里冥想，而他们也会成为我的上师——这一过程周而复始。这只是意味着与那种不可思议的爱和意识的载体相处。这是敞开自我的一种途径。这是感受那个无条件的爱的一个过程。

与上师或精神导师的关系的本质是爱。上师会唤醒我们体内的爱，然后用爱来帮助我们摆脱幻象。上师和 chela（敬拜者）的关系，在罗摩纳那里得到了完美的描述："这就像是一只大象在梦里看见一头狮子，便会突然醒来。正如梦中的狮子形象足以唤醒大象一样，从法师那里瞥见恩典，足以将修行者从对真知一无所知的睡梦中唤醒。"换句话说，上师，作为一个孤立的实体，仅仅存在于孤立的幻觉中，存在于梦境之中。一旦上师的方法奏效并且将你唤醒，它就会自动消失。

上师和敬拜者之间的关系，与任何智力因素无关。你可能认为你正在表达虔诚，但这个过程实际上不涉及任何自主选择。

这当中只有向较深层次展开的业力，这样，当恰当的时机到来时，你就能够被吸引到上师那里。

起初，我想做的就是与我的上师共处，看他的形式，甚至去摸他的脚，直到我感觉自己的内心充满了大爱。随着时间的推移，它只会变得越来越深厚，而且我不必像先前那样去在意我是否正在与它的形式共处。当我的爱进一步加深时，它涉及的不再是印度的某个特定的人——它是上师的律法的精髓。我开始在我的体内感受它，而不是经由与上师（作为一种外部存在）的相互关系感受它。随着我的爱的加深，我的心灵正在打开，我的虔诚正在增加，这种关系的整个动态开始发生变化。我想象自己如何崇拜他的形式，直到我意识到，他的形式其实可能只是眼前的门柱，而我只是崇拜门柱而已。正是这种方法让我回归自我，并且超越了任何外在的形式。

这个过程也会照亮我们自己镜子上的灰尘、我们个性的杂质和不完美之处，正是它们妨碍我们成为一体，妨碍我们完全生活在那种纯粹的自我和无条件的爱的境界中。有时候，上师会把它吹拂掉片刻，让我们瞥上它的本来面目。

我记得当马哈拉杰先生不期然地赶来时，我正站在那个山区乡村的那所不起眼的房子的前院那里。当时我被告知继续站在外面，所以我有机会看到其他赶来的人。他们不知是从哪里冒出来的，总之是来自四面八方。女人们在跑动，用围裙擦掉她们手上的面粉，怀里抱着只有上身穿着衣服的婴儿。男人们离开了暂时无人值守的店铺。当人们一路赶来时，还顺便从树上采摘花朵，这样他们就有了某种敬献之物。他们是带着一种期待来到这里的，脸上透露出明确无误的喜悦和崇敬之情。

我看着新加入者赶来，有些人脸上挂着疑问。我仿佛看见他们的心扉轻轻地开启，而那种柔软的、像花一样的特质，在园丁的精心呵护下徐徐出现。马哈拉杰先生以适合于每个人的方式触碰他们的心脏部位。每个人从他那里获得的体验都是不同的。这就是为什么你不能解释与他共处是什么感觉。每个人都有他们自己的心脏连接系统。

你如何描述一个像马哈拉杰先生这样的存在呢？这就像是尝试描述一种水果的甜蜜或者一朵玫瑰的芳香。当我与他在一起时，我的眼里只有马哈拉杰先生——这是一种彻头彻尾而且毫不费力的崇拜。

克里希那·达斯①说过："我们会碰到我们的恐惧、我们的问题，马哈拉杰先生就会用爱帮我们解决。有时候，他只是一边看着你，一边微笑，这样你就会忘记你的烦恼。"马哈拉杰先

---

① 美国歌手，以演唱印度教的灵歌著称，曾定期在世界各地的瑜伽中心表演。他也曾和拉姆·达斯一起，为美国和印度的许多圣人和瑜伽练习者进行咏颂。

生就像是一块磁铁，能够吸引我们所有的人，因此，那种爱是他真正的教诲。

当你处于无条件的爱的状态时，你便置身于可以让心灵敞开的最佳环境中。当你的心灵敞开时，你将再次吸入气流，而那股气流就是你可以感受到的上帝的媒介。这就是人们与马哈拉杰先生共处的经验。也许你和你所爱的人的共处经历也是如此。

美赫巴巴在《最好的活法》一书中写道："信徒应该保持对他们的上师的爱，使他成为他们一切思想、言论和行动的终身伴侣，并且继承他的责任、承诺和其他所有显然是必要的东西。"

敬拜之感

> 我要把我的呼吸交给你，
> 这样，你便可成为我的生命。
>
> 《鲁米》

悉达瑜伽的开创者、印度高僧斯瓦米·穆卡塔纳达，经常就他的上师——灵修大师尼希纳达展开深刻的冥想。他会想象对方的化身进入自己的身体，直到自己也成为尼希纳达。他对他的上师表达虔敬的过程是如此投入，以至于有时候他甚至不知道自己究竟是穆卡塔纳达还是尼希纳达。

公元 1 世纪的颂圣诗《所罗门的颂歌》，就恰如其分地表达了那种敬拜的忠诚感：

> 我的心脏裂开，一朵花儿显现；
> 恩典随之降临，为我的神结出果实。
> 你将我分裂，把我的心脏撕开，
> 让我的全身充满爱。
> 你把你的精神注入我的体内；
> 我知道你如同知道我自己。
> ……
> 你的灵魂让我的眼睛光彩熠熠；
> 我的鼻孔充溢着你的芬芳。
> 我的耳朵陶醉于你的音乐，
> 我的脸上布满你的露珠。
> 那些得到赐福的男人和女人
> 生活在你的土地上，你的花园里，
> 他们跟着你的树木和花朵一道成长，

他们把他们的黑暗变为光明。

他们的根系深入黑暗；

他们的面孔朝向光明。

……

在你的花园里有无限空间；

这里欢迎所有的男人和女人；

他们需要做的就是步入其间。

哈努曼，拉姆忠诚的仆人

印度史诗《罗摩衍那》讲的是一个化身为王子和勇士的神祇的传奇故事，也是一个有关恩典的故事。据说它最初是在两千多年前，由诗人兼圣人的蚁垤用梵文写出来的。由图尔西达斯创作的印地文白话文版本，在印度教家庭和寺庙以及在每年的节日上吟诵和表演。它就像北印度的《圣经》。你可以从不同角度阅读《罗摩衍那》，既可将其作为某个时期的历史事件，也可以把它看作是有关善恶之战的浪漫故事。你还可以关注象征神圣和世俗力量的各种人物角色，以及灵魂与自我、真理与错觉、佛法与欲望等主题，所有这些要素，都在我们每个人的内心当中冲突碰撞。这是一部会激发我们的意识冲动的杰作。

《罗摩衍那》的一个主要角色是神猴哈努曼，他是拉姆——一个化身为王子的神——的一个完美的仆人和出色的信徒。哈努曼代表着服侍最高级自我的层次较低的猿类。哈努曼对拉姆说："当我不知道我是谁时，我为您服务。当我知道我是谁时，您和我是一体。"

拉姆和他的妻子悉达，以及他的弟弟拉克什曼，在特殊情况下被放逐到森林里长达十四年（如果你想知道全部细节，就必须阅读原著）。悉达是灵魂和大地之母，她被故事中的那个坏家伙——妖王罗波那所绑架。

罗波那非常自负。他有十个头，每个头都充满力量。拉姆虽是大地之神，不过作为一个妻子被夺走的丈夫，他悲痛得快要发疯（虽然他本质上是神，但他当时还不是神）。为了寻找悉达，拉姆请求具有人的特征的熊和猴子帮助。帮助他的那只主要的猴子是哈努曼。他们搜索悉达的下落，并且最终确定，她是被罗波那带到了远离印度南部海岸的斯里兰卡岛（该岛过去被称为锡兰）。

在印度和斯里兰卡之间有一座海洋，当猴子和熊都赶到海岸那里时，不知道怎样穿越海洋去救出悉达。他们彼此间展开讨论，都各自说出了不能跳过去的理由。但是，总得有人跳过海洋；除此以外，别无他法。

最后，他们转向一直都安静地坐在那里的哈努曼。

"哈努曼，你还什么也没有说。"

此时的哈努曼被下了诅咒，因为当他还是一只年轻的猴子，并且无意惊扰了一个修行者以后，他受到了某种恶作剧似的伤害。否则，他将会拥有宇宙间所有的力量，因为他一生只负责侍奉上帝。不过，由于他被下了诅咒，他意识不到自己的力量（正如你和我实际上并未察觉到我们真正的内在力量一样）所在。他的一个同伴说："哈努曼，你有能力跳过海洋。"

他说："哦，是吗？哦，是的，当然，我能跳过海洋。"

就在这时，他的个头开始变大，从一只普通猴子变成了一个巨大的形体。这实际上只是我们每个人都必须实现的信仰飞跃——从拥有我们对于自身和世间万物以及对于宇宙的信仰，到实现自我超越的信仰——的一种象征。

哈努曼作为拉姆的使者而跳过海洋，找到了悉达并且安慰她说，拉姆并没有忘记她。作为拉姆的另一个侍奉者，悉达代表所有的信徒，而哈努曼通过提醒虔敬者要拥有信心——神不可能忘记我们——而为神服务。

这是来自著名学者威廉·巴克的版本的《罗摩衍那》：

在他的脑海中，哈努曼已渡过海洋，进入那座恶魔城。

他爬上马来亚山丘并在那里站稳脚跟。他开始充满力量。他的形体变大而且沉重，他的踩踏对山丘造成了严重破坏并毁掉了毒蛇的洞穴。蛇神从那个地下世界走出来，一个个伤痕累累，嘴里发出嘶嘶的声音。愤怒的他们在地上翻滚，舌头产生火焰。他们吐出的火焰烧毁了岩石。他们的毒液让山体裂开条条缝隙，从地下闪烁出红色的金属和石头的光芒。

哈努曼攀爬得更高。犍陀罗①带着惊奇的微笑，与他们的夜蛾伴侣穿着不多的衣服，从山上升入空中并低头观看。哈努曼爬上他们的山坡公园，看到犍陀罗的剑和明亮的彩色长袍挂在树上，朦胧的花园地面上摆满了黄金酒杯和银盘，花园的阴影处隐藏着恋人们撒满莲花花瓣的暖床。

哈努曼靠近了山顶。他的双脚把水从山里挤压出来。河流翻涌而下，落石滚动，露出来的黄金矿脉闪闪发光，老虎逃逸，鸟儿飞走，树精远遁。在它们的巢穴里，野生猫科动物发出惊恐的尖叫。

哈努曼站在山顶。他屏住呼吸，把空气吸入腹内。他的尾巴甩动一下，末端稍微抬起一点儿。他膝盖弯曲，把

---

① 在印度教的传说中，一种不吃酒肉而只以香气作为滋养，并且会从身上发出香气的男性神灵，负责为众神在宫殿里演奏动听的音乐。

双臂摆到后面，戴在手指上的那枚拉姆的金戒指（这是他要带给悉达的东西）闪烁着光芒。然后，他不假思索地缩起脖子，收紧耳朵，纵身一跃。

这是壮观的一跃！这是有史以来最伟大的一跃！哈努曼惊人的跳跃速度产生的气流，让卷起的鲜花跟在他后面飞驰，接着，它们像一颗颗小星星一样，飘落在如波浪般翻滚的树梢顶上。海滩上的动物们从未见过这样的景象，他们为哈努曼欢呼雀跃。

然后，他的所经之处空气燃烧，红色的云彩染红了天空，哈努曼消失在陆地上动物们的视线之外。

那只白色猴子就像是一颗彗星，他从天空中掠过并把云彩推挤到一边。狂风在他的腋下呼啸，当他飞驰而过时，他的胸部对大风产生的推力使海涛汹涌，浪花飞溅，产生的水雾遮住了太阳。当哈努曼飞驰而过时，绿色的盐水被分离开来，他能够看到鲸鱼和鱼类受到惊吓的情景。哈努曼周围的空气产生了电流，一道道噼啪作响的光芒闪过——那既有蓝色和淡绿色的光芒，也有橙色和红色的光芒。

在到达斯里兰卡的半路上，住在大洋底部的黄金山守护神迈纳迦，从海洋里窥见哈努曼经过，并且以为他会劳累……

"休息一会儿吧,"迈纳迦说,"让我向你偿还我欠你父亲——风神——的古老债务。"……

"请原谅,但我决不能中断我的飞行。"哈努曼说。

这是多么光荣的飞跃!这是一次进入未知领域的飞跃,一次超越哈努曼的能力的飞跃,一次超越他意象中的自我的飞跃。你自己的飞跃——你深入生活,深入死亡,进入下一时刻,到达自由之境——首先来自于放弃你的自我意象。你是谁?你是一个直率的人?你是一个小丑?你一直都在微笑?你长时间感到伤心?生活的压力让你感到沉重?还是说,你始终活得轻松愉快?你最近的工作情况如何?你要在这个时间敞开心扉,真正地敞开心扉。

当哈努曼找到悉达并且成功返回时,拉姆充满深情地赞美和拥抱他,并且说:"你的名字将在世间传播。没有人能够与你匹敌。你的心脏是真实的;你的胳膊是强壮的;你有能力做好任何事。你忠诚地侍奉了我,为我做到了几乎不可能做到的事情。"

"这没什么,"哈努曼说,"我是你的朋友,就这么简单。"

哈努曼是奉爱瑜伽(表现虔诚和敬畏的瑜伽)和业力瑜伽(强调行动和无私服务的瑜伽)之间的连接物。对于哈努曼而言，每一个行动，都是把一朵鲜花放在他崇敬的拉姆的脚下的机会。每当哈努曼重复拉姆的名字时，他就能够想起自己是谁；而当他以拉姆的名义做事时，没有什么可以阻挡他——这一信仰原则对你同样适用。

马哈拉杰先生让我们学习了《哈努曼四十行诗》，而这首诗的开头为本书题目提供了灵感。协助推动这首诗在西方传播的克里希那·达斯说："吟诵《哈努曼四十行诗》，是沐浴爱和恩典……的一条重要途径。在《哈努曼四十行诗》当中，我们向哈努曼所代表的完美、力量和忠诚致敬；我们也要向我们体内的那个灵魂之地致敬。《哈努曼四十行诗》激励我们把心灵的镜子擦拭得和哈努曼的镜子一样干净，这样一来，我们就能够意识到我们体内的那种大爱和至美，以及我们自己的纯真性情。"

马哈拉杰先生说过，哈努曼是拉姆的呼吸。

第三章

业力瑜伽：生活之道

当你第一次瞥见意识的本质，当你的心灵向无条件的爱敞开——哪怕只是发生在瞬间——你人生中的一切，都会成为你的觉醒磨盘上的谷物。这种觉醒，意味着从对你造成限制的自我意识过渡到自由意识，过渡到存在于我们每个人体内的宇宙精神，或者是上帝的意识。踏上这一心灵之路，是一种莫大的恩典。

虽然我在人生旅程中经历过重大转变，但这未必是适合于每个人的历程，快速而剧烈的转变，也不见得是必要的。对于许多人来说，内在转变是经过长时间的微妙变化才实现的。不管怎样，认为你只要改变生活的外在形式，只要离开你的伴侣、改变你的工作或者搬到另一个地方，只要蓄起长发或者剃光头发，或者放弃你的物质财富，就可以更加接近神的想法是错误的。

需要变化的不是外在形式，而是内在自我的本质。如果你是个律师，你不妨继续做你的律师，但你可以开始把律师职业作为接近上帝的一种途径。一种形式并不会比其他任何形式更具灵性。形成一种灵性意识的关键，是要让思维平静，让心灵开放。

你的业力是你的律法

你的意识启蒙游戏，恰恰开始于你在此刻的人生位置。这并不意味着摒弃或者远离你的生活的任何方面。这个游戏的技巧，就是根据佛法、宇宙规律和真理采取行动，在各个层面让你的生活变得更加和谐而完满。

你的业力是根据你过去的具体行动，为你的生活所赋予的一切能量。根据你的业力而确定一种修行方式，你就可以获得接近上帝的途径，让你的人生充满和谐的精神。从灵修的角度来看，做事的意图和方式，要比你的行为本身更重要。当你在各个层面让你的整个生活变得更和谐时，你就是在依照律法而采取行动。换言之，你是在履行神的旨意。

各种形式的瑜伽，都是与神结盟的途径。业力瑜伽就是要把你生活中所有的活动——工作，人际关系，服务——用于完善那种结盟过程。你如何在这个世界上从事你的工作，决定了你的工作是唤醒你的灵性的一种工具，还是让你更多地陷入困境，从而强化你与神彼此隔离的错觉。业力瑜伽侧重于无私的行动和服务，它是让你的人生变得和谐的一种重要途径。

在《薄伽梵歌》当中，克里希纳告诉他的勇士阿朱那做他该做的事，但是要把行动的果实奉献给他。把你的日常生活用作一种自觉的修行路径，意味着你要放弃对那些劳动果实的迷恋，对于它们的产生过程的迷恋。你做工作不只是为了得到一种回报或者某种结果，而更多的是出于对神的爱——这也是奉爱瑜伽的核心原则。

将你的爱心服务于他人，也是把你的工作果实奉献给神的一种途径。在《罗摩衍那》中，哈努曼通过为拉姆的服务表达他的虔诚，他例证了奉爱瑜伽（忠诚）和业力瑜伽（服务）的统一性，具体化了卡里·纪伯伦①的结论："工作就是实实在在的爱。"就像哈努曼一样，你为他人服务是尊敬上帝的一种方式。这是你应当确立的一种积极的态度，一种奉献的态度。对于你的每一次行动，都要将其视为一种无私的服务，也就是梵文的"塞瓦"（seva）。

---

① 黎巴嫩诗人、作家、画家，阿拉伯现代小说、艺术和散文的主要奠基人，20世纪阿拉伯新文学道路的开拓者之一。

耶稣以同样的方式谈及服务，"你为我和与我没有血缘关系的兄弟姐妹所做的最不起眼的事情，都是为我本人所做的"。

"塞瓦"不包含任何自我，它涉及的是灵魂。任何行动都可以成为"塞瓦"。你所做的一切——烹饪、写作、园艺——都是你侍奉上帝的举动。带着真诚的愿望从事你的工作，可以让你的生活远离小我而进入更高层次的自我。业力瑜伽是一种绝佳的修行手段，特别是对于过分沉湎于工作的西方人来说，因为它使我们即便在工作期间也能够敞开心灵。摆脱那种忙碌的心理，可以减轻你的精神负担以及任何额外的负担。

> 我入睡时，梦见生活是一种快乐。
> 我醒来时，看到生活是一种服务。
> 我做事时，发现服务是一种快乐。
>
> 拉宾德拉纳特·泰戈尔

你要善于发现需要帮助的人或者需要解决的事情，并且力所能及地提供帮助。亲力亲为，让它成为一种有意识的"塞瓦"行为。圣者甘地说："你的行为看起来可能微不足道，但你的行为本身却很重要。"

业力瑜伽的另一个术语是"正确行动"。在西方，正确行动的概念，是一种很难理解的概念，因为它违背了我们的成就和目标导向文化。在印度，人们对于履行佛法有着强烈而深刻的意识。从佛法的角度说，让你自己与宇宙规律和谐相处是顺应自然的。你的生命就是你扮演的角色。你需要从你自己的节目中的明星挣脱出来，成为那部神性戏剧的演员。

你要牢记《薄伽梵歌》中那个不要迷恋你的行动果实的告诫。如果你是正在抚养孩子的家长，不要在精神上被抚养孩子的行为所束缚。这并不意味着你不是一个富有爱心和积极性的家长。你的任务是爱和培育，让孩子吃饱穿暖，关心他们，守护孩子的安全，并且用你的道德指南引导他（她）。但是，孩子的基本属性并不由你来决定，他（她）迟早要听从上帝以及他们自己的业力的安排。

你的个人情结，你着迷于孩子将来会成为什么样的人，会影响到你培育他（她）的每一个环节。我们的很多焦虑感，都来自于非要把孩子培养成什么样的人——聪明，成功，有创造性，以及我们对孩子抱有的其他各种希望。当然，你可以竭尽全力地抚养好你的孩子。"抚养者"就是你扮演的角色，因为这是你的责任，你自然会沉浸在你的人生角色中。但同样重要的是要记住，你是一个在扮演某种特定角色的灵魂。你的孩子是什么样的人，你是什么样的人，这并不是角色本身的含义。你可以尽己所能地做一切必要的事情，以便接触到你的灵魂，也为其他人接触到他们的灵魂创造空间。但是，在不尝试改变当前的业力的情况下，你也能够做到这一点。你不需要改变你的业力，只需要改变你对它的迷恋。迷恋的情结是你受困于有限制性的现实的原因。你的这种情结——希望你所爱的人成为与他们的本质不同的人——不会有任何实质性的帮助。你只需让他们按照自己的方式成长并且去关爱他们，他们就有可能发生相应的改变。但究竟如何变化，这不是由你决定的。塞缪尔·约翰逊①说："一个拥有如此之少的人性知识的人，为寻求幸福而改变除了他的性情之外的任何东西，最终只会浪费他的生命并且无果而终。"

你只需要坚持修行，直到将你的爱传递给生命中的每一个人。当你传递你的爱时，只要其他人做好了必要的准备，他们也会自由地放弃不必要的东西。这就如同一个熟练的园丁，当人们准备好"成长"时，你能够为他们的成长创造一个空间。

作为家长，你会创建孩子成长的花园（这就是为什么将幼

---

① 英国作家、文学评论家和诗人，《英语大辞典》编纂者，重要作品有长诗《伦敦》、《人类欲望的虚幻》、《阿比西尼亚王子》等。

儿园称为 kindergarten①)。你耕作土地并施肥，为花园除草，给它浇水，然后花自然就会生长。

见证你自己的心灵历程

业力瑜伽的本质，就是让你摆脱对生活中各种事件的过分关注，终止会更多地限制你的修行的业力，并且使你摆脱当前的业力。只要你的意识聚焦于任何事物上，无论对其迷恋还是厌恶，你都会创造将意识和行为（或是将思想和情绪）联系起来的业力，后者正是来自于你的欲望或者厌恶感。与迷恋或者厌恶的意识无关的行动，不会带来任何业力。业力是一种迷恋情结导致的行为的残余影响。没有迷恋感，就没有业力。

> 对于并不迷恋于个人癖好的人而言，
>
> 成功之路并不困难。
>
> 当你没有受到迷恋或仇恨情感的影响时，
>
> 一切都是明确的和不加掩饰的。
>
> 被任何微小的障碍所阻隔，

---

① 英文中的 Kindergarten（幼儿园）一词源自德语，字面意思是"孩子的花园"。

不管你在地球何处，

你离天堂都是一样遥远。

如果你想知道真理，

那就不要对任何事情抱有成见。

用你喜欢的东西去对抗你不喜欢的东西，

是心灵的疾病。

只要事物的基本性质不被识别，

心灵的宁静就会受到干扰，

因而不会产生任何有益的结果。

……

当你试图通过停止活动而实现宁静时，

你的举动只会让你变得更不宁静。

……

不要停留在二元状态中，

要仔细避免那种极易养成的习惯。

如果你执迷于哪怕是一丁点儿的欲望痕迹，

不管是对是错，

你的心灵都会在混乱中迷失方向。

尽管所有的二元性都产生于一体，

但不要着迷于有关它的任何概念。

当心灵在成长之路上不受任何干扰时，

世界上的任何事物都不会受到对抗，

当任何事物都没有受到对抗时，

事物就会按其固有的方式成长。

葛吉夫散文诗《探索生命的本质》

摆脱迷恋感的一种方法，就是培养见证意识，成为你自己生活的一个中立的观察者。在你体内的那个见证者就是你的意识，是你能够意识到事物本质的那一部分——你只需观察和感受，不需要做任何主观判断；只需活在当下，活在此时此刻。

自我见证，实际上是意识的另一个层次。见证作为你的开悟或者觉醒的部分，可以与你的正常意识共存。人类具有同时处于这两种意识状态之间的独特能力。自我见证，就像是把一束手电筒的光束照向手电筒本身。在任何经验——感官经验、情感经验或者概念经验——当中，都有相应的感觉、情感或者思想与之搭配，这也是你的意识产生的源头。这就是见证意识，而且你可以在自己生命的花园中培养这种意识。

自我见证，意味着你会觉察到你自己的思想、感情和情绪的本源。见证就像是在早晨醒来，看着镜子，注意到你自己的样子——不是要做判断或者评价，只是中立地观察醒来的状态。

这种自我回顾过程，可以使你不至于陷入经验、想法和感觉的泥潭，而是找到真正的自我意识。

与那种自我意识一道产生的，是活在当下、享受此时此刻的淡淡的喜悦。最终，随着你沉浸在那种主观意识中，你意识的对象会消解，这样你就会进入灵性自我，这就是纯粹的意识、喜悦、慈悲融为一体的状态。

自我见证是你将注意力集中于首要目标的途径，引导你顺利地做好当前的事情。一旦你理解你的体内具有不会产生迷恋感的地方，你就可以从迷恋状态抽身而出。我们在宇宙中所注意到的几乎所有事物，都是我们的迷恋之心的反映。

耶稣告诫我们："不要为自己在地上积攒财宝，地上有虫子咬，财宝也能锈坏……因为你的财宝在哪里，你的心也在哪里。"欲望会创造属于你的宇宙；这就是欲望的工作方式。

所以，你的第一份工作应当是自我修行。你能够为另一个人所做的最好的事情，就是首先让自己的房子变得整洁有序，从而找到你真正的意识核心。

在做过几年的冥想之后，我开始看到我自己的行为模式。当你让你的心灵平静时，你也会开始更加清楚地看到你自身的抗拒力，你的顽固的本质。你会看到心理斗争、内心的对话和自我叙述，以及你拖延或者对抗人生变化的方式。不要试图改变这些模式；只需要注意到它们。当你培养自我见证能力时，情况自然会发生改变。你不必改变它们。当你活在当下，并且被爱的意识所包围时，一切都会发生有益的改变。

通过培养见证意识，你就会把你的身份从你的自我转向你的灵魂。人人都有一颗潜藏的、总是未予开发的"佛心"。你的灵魂在你的佛心当中。灵魂会见证你的化身过程。如果你保持你的见证者身份，灵魂就会见证你的情感、你的欲望和你的经历，但并不会对它们的任何方面做出评判。你只需要摆脱你的自我和其他主观想法，只是坐在那里，像看电影一样欣赏有关你的化身的节目，品味各种角色的表演，欣赏这个人生情景剧。你会看到你的本质。我通常喜欢与我内心的上师一起坐下来"观看"。他是一个充满爱心和同情心、态度平和而明智的知音。在你的内心深处，你也能够"安放"一个知音，一个灵魂的朋友，一个能够引导你接近神的上师。

不妨把那个见证者作为你的内心的上师，让它的光芒照亮你的心灵。在心灵深处那个安静的地方，这种具有开悟意识的实体会守候在你身边并且提醒你，"哦，你刚才只是有些紧张"。它不会做出类似的评判——"你又紧张了！你真是个失败者，你这个傻瓜"。你听到的只是："OK，你又紧张了。你多么有趣啊！"

　　找到自我的最快捷的方式，就是学会倾听内心深处的那个声音。你的内心的那个上师，总是在那里等待你的召唤。

　　你要遵照属于你自己的路径修行，并且相信，你的体内有一个声音知道你应当怎么做，什么才是最好的。几乎人人都有寻求他人指导的倾向，但其实只有你知道什么才是最适合你的。相信你的直觉的心灵。贵格会①教徒将其称为"内心灵光"或者"内心神音"。当它开始"讲话"时，你要仔细聆听。如果你因此而感觉应当去做某件事，那就着手去做。

　　自我见证是生活在你的佛心也即你的灵魂意识当中的一条途径。你越是感受到你的内在见证过程，你就越是会停止按别人的判断和期望生活，你开始做你需要做的事。如果你试图确定你在生活中应当如何去做，那就聆听你的心灵。你越是生活在你的佛心当中，就越是能够从灵魂的角度看待你自己和他人。把事物看成是一种灵魂能够改变一切。这一过程的力量，比你想象的更加强大。以我本人为例，我当初就从未想过我会成为一个修道者。

　　我们每个人都有自己独特的业力困境，以及我们自己要做

――――――――

　　①　一个与基督教关系密切的教派，又名教友派、公谊会，兴起于 17 世纪中期的英国及其美洲殖民地，创立者为乔治·福克斯。"贵格"为英语 Quaker 一词的音译，意为颤抖者。宽容和报恩是贵格会倡导的生活方式之一。

的独特的工作。这种困境意味着我们感觉自己无处立足，因为我们对于自身的认同感在不断变化。当你更多地用你的佛心进行自我认同时，你的业力就不会制造错觉。

这种错觉就是，你面对的是唯一的现实。自我见证可以帮助你看到，你还有其他选择，你可以通过不同方式来感知现实。

当你为你的家人泡早茶或者把水倒进咖啡机时，这就是全部吗？还是说，这是神在把神倒进神里面，并且以此侍奉神呢？永远跟着你的直觉走，最容易与事物的本原和你的佛心达成一致。

一家人的含义

早在20世纪70年代，我们发行了一套名为《牢记爱和服务》的盒装唱片。这是一套非常好的资料，有六张唱片和一个配有文字、照片和图画的漂亮的小册子。我那律师兼首席执行官的父亲看着它说："相当不错。你们打算卖多少钱？"我告诉他，我们的售价仅比它的生产成本多一点儿。他说："你知道吗，你们本来可以卖个好价钱。它很有价值，你们能赚更多的钱。"

我问父亲，当他代表叔叔亨利打一个法律官司时，他收取了叔叔多少钱。他回答说："哦，我当然没向他要一分钱。那是你的亨利叔叔。他是我们的家人。"我说，那也是我的困境——我把每一个人都看成是亨利叔叔。我认为，我们每一个人都是一家人。现在，无论我是否生活得如同每一个人都是我的家人，我们是否都是一个整体，取决于我如何受困于我的孤立状态，以及我把他人看成是"我们"还是"他们"。当然，你如何看待他人，首先在于你如何看待自己，也即你认为你是谁。我喜欢苏菲派教徒中流传的那个名叫纳西鲁丁①的长相丑陋的智者的故事，他想要在一家银行做事，那个银行的出纳员不屑地问他，他能否认出他自己是谁。他拿出一面镜子，说："能，这就是我。"

　　不要从错误的角度看待你的人生情景剧。让我们时刻记住，我们究竟是谁——这就是说，我们的本质是灵魂，不是自我。自我意味着你认为你是谁。你认为你是谁的那个实体，将会随着躯体的死亡而消失，因为它是你的这个化身的一部分。但另一方面，你的灵魂具有智慧和爱，以及平和与欢乐这些特质，它仍会在那里，观看这外在的一切消失。

―――――――――

　　① 又名阿凡提，是一位活跃在西起摩洛哥、东到新疆穆斯林诸民族中的传说人物，大智若愚，才辩超群。在新疆民间传说中，他的名字叫做阿凡提；西亚和中东地带称多为纳西尔丁或纳西鲁丁。

再强调一遍，业力瑜伽涉及的并不是放弃各种世俗行为，而是放弃你对它们的迷恋。我们讨论的，其实是放弃你在自己的情景剧中作为中心人物的角色，放弃你认为你是谁的那个人，以及你如何看待那个人的自我意象。所有有关自我意象的这一自我叙述，只是为了让你的个人情景剧进行下去。

自我既不好也不坏。自我具有一种功能：它是你与外部世界对话的工具。但与此同时，自我是各种思想的集合，而且根据你对你的想法的认同程度，它们会妨碍你活在当下。一旦你放弃对你的想法的认同，那个情景剧就会继续上演，但它不再是最初的情景剧。你要重视你的这些体验，但不要被它们所束缚。

精神成长的艺术，和你如何快速意识到那些迷恋情结，以及你如何快速摆脱它们有关。如果你能承认迷恋感会使你无法看清或者听清真理，那么你的智慧之源就会开始涌动。只要你对于现实应该如何发展具有某种贪欲，你就不可能察觉到它真正的发展过程。

住在某小镇附近一座山丘修道院的一个和尚的故事，可以反映出这种没有迷恋感的人生境界：一个当地女孩怀上了一个渔民的孩子，但她不想让那个渔民惹上麻烦，所以便撒谎说，山上的那个和尚是孩子的父亲。乡民们拿着火把赶到那座寺院，他们猛踢大门。那个和尚打开门，他们说："这是你的孩子。你必须抚养他。"那个和尚说："哦，那就这样吧。"于是他抱过娃娃，关上了门……九年后，那个女孩病危，在临死之前，她不想再继续隐瞒下去，就把实情告诉了同乡人。他们感到羞愧，于是匆忙来到寺院并且敲门。那个和尚打开门，他们说："我们非常抱歉。那不是你的儿子，你以后不用再承担这个责任了。"他回答说："哦，那就这样吧。"

人际关系和情感

从灵魂的角度来说，我们需要接受一个事实：我们每个人都在履行自己的业力。我们彼此打交道，而这些交往是我们开悟磨盘上的谷物。从人性的角度来说，你会形成判断；但从灵魂的角度来说，你会开始欣赏。这种从判断到欣赏的转变——欣赏你自己和你的业力困境，以及欣赏其他具有各自业力的人——会将一切纳入到简单的爱的意识中，从而获得灵魂的自由。这意味着要敞开你的心灵，让你的灵魂面对你的全部特质，因为只有当整个身心处于和谐状态时，你才能够真正尊重和欣赏别人以及宇宙令人难以置信的多样性。

每当我主持一个婚礼仪式时，我调用的祈祷意象，是由两个配偶和第三种力量——将他们结合在一起的爱的力量——形成的一个充满神性的实体。这是一种情感瑜伽。在两性关系的瑜伽中，两个人会走到一起并发现那种共享的爱。在这种结合中，两个人作为个体是分开的，但精神却是一体的。他们之间的共存关系，能够为他们独特的个性以及他们的意识领域提供滋养。

爱可以打开实现那种情感瑜伽的大门。当这个过程中不再有更多的"我"和"你"，而是只有"我们"时，那便意味着进入到更深的层次。当慈悲之心开始全面形成时，你就不再把别人看成是"他们"。你会聆听和感受，让你的直觉部分与他人融为一体，在自己的体内深切地感受到他们的痛苦、快乐、希望或恐惧。然后，就不再有"我们"和"你们"，只有"我们"。要在与别人的交往中实践这一点。

在某一时刻，你会发现，你所看到的只是你自己的心灵的投射物。各种现象都是精神的投影。那些投影是你的业力，是有关你的这一化身的课程。发生在你身上的一切，都是用来消除你的错觉、你的迷恋感的一种教学手段。你的人性和你所有的欲望，本身并不是某种错误。它们是你的人生旅程的重要组成部分。

让自己变得富有同情心的一个途径，是通过尊重他人和富有耐心而实现的。对于你不喜欢的人，可以把他们作为一种练习目标，学会敞开佛心并且确立你的慈悲感，就是通常所说的菩萨心肠。你的大脑越是平静，就越是能够听见慈悲感的真实性质。具有直觉力的同情心，是让我们彼此团结一心的重要途径。

下面这个来自合气道①大师特里·多布森的故事，是我最喜爱的故事之一，因为它显示了如何通过慈悲和理解化解冲突而带来和谐：

在一个令人昏昏欲睡的春天的下午，火车叮当作响地穿过东京近郊。我们的车厢比较空，里面有几个带着孩子的家庭主妇，还有几个出来购物的老人。我心不在焉地望着单调的房子和满是尘土的灌木篱墙。

车门在一个站点打开了，而下午的安静突然被一个凶巴巴的男子打破了，他的嘴里含混不清地大声咒骂着什么。这名高个子男人摇摇晃晃地走进我们的车厢。他穿着工装，显然是喝醉了，浑身上下脏兮兮的。他吼叫着冲向一个抱着婴儿的女人。由此带来的冲击，让她几乎是旋转着倒在

---

① 一种非暴力、非竞争的武术，由日本的植芝盛平先生（1883—1969）创立。

一对老夫妇的膝盖上。那个宝宝安然无恙，这真是一个奇迹。那对受到严重惊吓的老夫妻跳起来，跑向车厢的另一头。

那个工人瞄准那个正在撤离的老女人的后背，准备踢上一脚，但由于后者动作很快，他没有踢中。这激怒了那个醉汉，于是他抓住车厢中央的那个金属杆，试图把它从那个支柱上扭转下来。我能够看见他的一只手被割破了而且在流血。列车再次开动，乘客们都被吓呆了。我站起来。

我当时还年轻，那大约是在二十年前，而且我的体格相当不错。在过去的三年里，我每天都会坚持八个钟头严格的合气道训练。我喜欢投掷和格斗。

我认为我很强壮。麻烦在于，我的武术技巧还未经过实战检验。作为合气道弟子，我们不允许打斗。我的老师多次说过，合气道是和解的艺术。谁的心里想着打斗，他就破坏了与宇宙之间的联系。如果你试图控制他人，你就已经被打败了。我们研究的是如何解决冲突，而不是如何开启冲突。

我听从了他的话并且严格执行。我甚至会主动走到马路对面，以便避开在火车站周围闲逛的那些孩子，那些打弹球的小混混。我的忍耐提升了我的品格。我既强壮又圣洁。然而在我的内心深处，我想找到一个完全合法的机会去教训一个有罪的人，以便挽救无辜者。当我站起来时，我对自己说，这个机会就在眼前。

人们处于危险之中。如果我不及时出手，有人就可能会受到伤害。

看到我站起来，那个醉汉找到了发泄他的怒气的目标。"啊哈!"他吼道，"一个外国佬! 我要让你知道日本人的厉害。"我轻轻地握住头上的车厢皮带扣，厌恶而又蔑视地瞥了他一眼。我打算好好收拾一下这只火鸡，最好能把他切成一片一片的，但我需要等待他首先出手。我想进一步激怒他，所以我噘起嘴唇，对他作了一个傲慢的亲吻的动作。"好啊，"他叫喊起来，"我要教训教训你。"他站稳身体准备扑向我。

就在他想要迈步的瞬间，有人喊道："嘿!"这个喊声振聋发聩。我熟悉这种声音里出奇的欢乐而轻快的特质，就像你和一个朋友一直在竭力寻找什么东西，而他突然发现了它似的——"嘿!"我把头转向我的左侧，那个醉汉转向他的右侧。

我们都低头看着一个上了年岁的日本老人。他一定有 70 多岁了，这位小个子先生穿着一尘不染的和服坐在那里。

他并未注视我，而是满面微笑地看着那个工人，好像他有一个最重要、最受欢迎的秘密要与别人分享似的。"坐过来吧，"那个老者语调轻松地用本国语招呼那个醉汉，"坐过来，和我说说话。"他轻轻地挥挥手。那个大块头就像被一条绳子牵着似的走过去。他在那个老绅士面前挑衅地站住脚，他的吼叫声压过了叮当作响的车轮。"我凭啥要和你说话？"

那个醉汉现在背对着我。如果他的胳膊肘哪怕移动一毫米，我都会让他摔个嘴啃泥。那个老者继续对那个工人微笑。"你喝的是什么酒？"他问道，他的眼睛闪烁着感兴趣的光彩。"我一直在喝清酒，"那个工人怒吼道，"这不关你的事。"唾沫星子溅到了那个老者脸上。"哦，那太好了，"老者说，"真是太好了。你肯定看得出来，我也爱喝清酒。每天傍晚，我和我的妻子——对了，她76岁——我们会热好一小瓶清酒，把它带到外面的花园里，然后就坐在我们的老木凳上，看着太阳下去，看看我们的柿子树会怎样。那棵树是我曾祖父种下的。我们一直都很担心，不知道它能不能从去年的冰冻灾害中恢复过来。不过，那棵树的情况比我预期的要好，尤其是当你考虑到那种糟糕的土壤质量时。每当我们把清酒带出去享受黄昏的景色时，哪怕正在下雨，只要看着那棵树，都叫人感觉很满足。"他抬头看着那个工人，他的眼睛闪烁着光彩。

当那个醉汉努力地跟上老者的谈话时，他的脸色开始变得柔和了。他握紧的双拳慢慢地松开了。"是呀，"他说，"我也喜欢柿子树。"他的声音渐渐放低。"是啊，"那个老者微笑着说，"而且我相信你有一个好老婆。""不。我老婆死了。"那个大个子的身体一边随着车厢轻轻地晃动，一边抽泣。"我没有老婆。我没有家。我没有工作。我为自己感到羞耻。"眼泪顺着他的两颊滚落下来。一阵绝望感让他的身体抽搐着。

我当时正处于无比纯真的青年阶段，一心要为这个世界的安全、民主和公正做点儿事情。我突然感觉我比他更可悲。列车在我要去的那一站停下来。当车门打开时，我听见那个老者嘴里发出同情的啧啧声。"哎呀！哎呀！"他说，"你的处境太难了。坐到这里来吧，跟我说一说。"我转过头看了最后一眼。那个工人正趴在座位上，头放在老者的大腿上。老者轻轻地抚摸着他那污秽的乱蓬蓬的头发。

当列车远去时，我在一张长椅上坐下来。我想用肌肉做的事，被温和的话语解决了。我刚刚看到合气道被用于一场战斗，而战斗的本质是爱。

事实上，你我都是在受训成为自觉和富有同情心的人，成为传播快乐的工具，成为心地泰然的工具，成为表达爱的工具，成为一种可用的、带来平静的工具。既然我们都把那么多时间用于人际关系上面，为什么不把它们转化成一种让自己活得自由的瑜伽呢？过好一种精神生活，是为众生服务而进行自我修炼的策略。你可以为别人做得最好的事，就是首先提升自我层次——这不是出于利他主义的某种理想化概念，而是因为为了让你自己得到升华，就意味着必须解决你和"我们都是一家人"这一概念之间的疏离感。

要将你和别人相处的每一次机会用作自我修行的手段。看看你在哪里会被卡住，在哪里会产生激情，在哪里会抓住对方的漏洞，在哪里会进行评判，诸如此类。将你的生活经验作为你的课程而加以使用。

当我看待人际关系时（包括我自己的人际关系和别人的人际关系），我能够看到我们走到一起的各种原因以及我们相互影响的途径。有些当然是属于业务性质的，但每一种人际关系的更深层次的动力，都能够唤醒将我们联系起来的爱和归属感。然而实际发生的情况是，许多人际关系都会强化我们的孤立感，这既是因为我们将自身视为孤立的存在物，也是因为我们具有以孤立性和自我为基础的欲望系统。只有当你我真正看到我们同属一体时，人际关系才能在精神层面发挥作用。

人际关系和情感能加强我们的孤立性，也能够成为我们开悟磨盘上的谷物。涉及人与人之间的爱的关系，我们就像是寻找花朵的蜜蜂。困境在于，爱他人的情感力量，可能会使你深陷在人际关系的情景剧当中，以至于你不能够超越那种情感的束缚。人与人之间的爱的问题在于，你要依靠别人将爱反馈给你。这就造成了某种孤立的错觉。事实上，爱是一种发自内心的存在状态。

你真正需要向他人提供的唯一的东西，是你自己的真实的存在状态。当你没有受困于他人的外形、言语或行为时，你就可以通过表象看到他们更深层次的存在，因为你的心灵本身已经作了调整；你只是稍稍转移了你的关注点，并且看到了他们的灵魂。那种灵魂的特质就是爱。

在我的成长过程中，我曾经成为"别人"。我们都接受过成为别人的训练。当你告诉大家你是谁时，你会递上名片并且说，"您好，我是某某人，我是做某某事的"。一方面，每个人都很重要而且也是特别的，另一方面，每个人都能够评估出他们如何比其他人重要——我们一直都在接受这种成为别人的训练。

我成了别人，因为我的父母希望我是特别的，我的老师希望我是特别的，而且他们训练我如何做到这一点。这就是所谓的自我建构。我真的做到了。我真的成了某个人。我的父母为我骄傲。我从他们的眼睛里看到的是欣赏和自豪。

这一点让人感觉满意。唯一的问题是，我在内心深处感觉很糟糕。我觉得自己应该快乐起来，但我并不快乐。我心想，"好吧，幸福不是一切，对吗？只要我是别人所期待的那个人，难道这不就足够了吗？"可是这并不够，因此我感觉异样而古怪。

我多次讲过的一个故事，可以描述我当时的那种感觉。一个男人想要做一套西装。他找到城里最好的名叫仲巴赫的裁缝。仲巴赫给他量了尺寸，并建议他买了最好的布料。

几天后，当西装做好以后，那个男人穿上了它。一只袖子比另一只袖子长两英寸。他说："仲巴赫，我不想抱怨什么。这件西装做得确实很漂亮，但这只袖子比另外一只袖子长两英寸。"仲巴赫看上去有些不快。他说："这件西装没什么问题，是你的站姿有问题。"接着，他把那个男人的一个肩部向下压了压，把另一个肩膀向上提了提，然后他说："你瞧，如果你这么站着，它就完全合适了。"

那人再次看着镜子，他看到衣领背后的布料很松散。他说："仲巴赫，这里的布料怎么耷拉下去了？"仲巴赫说："西装没什么问题，是你的站姿有问题。"接着他推了推那人的下巴，让他的双肩拱起。"你瞧，它非常合适。"

最终，那个男人离开了裁缝铺。他穿着这件崭新的、完全合身的西装走到公共汽车站那里，有人走到他跟前，说："多么漂亮的西装！我敢打赌一定是仲巴赫做的。"

那人问："你是怎么知道的?"

"因为只有仲巴赫这个裁缝的技术，才能够让一件西装非常适合像您这样的残疾人。"

瞧，这就是我的感觉。每个人都在不停地告诉我，我穿着一件多么漂亮的西装，但是我觉得，我穿的是仲巴赫的西装。

你对于某种人际关系的感觉，就像是穿仲巴赫的西装的情形。

如果有人在工作中成了你的一个问题，他们未必是需要改变的人。如果有人对你而言是一个问题，需要改变的人可能是你自己。如果你觉得他们正在给你造成麻烦，那也许是你的问题。一切都取决于你。你的任务是让自己变得纯净。

如果问题出在对方身上，那同样是他们的业力使然。当耶稣被钉在十字架上时，他说："原谅他们吧，因为他们不知道他们做了什么。"他一直试图帮助他人避免成为他们自身的问题。他们对他而言不是什么问题，因为他是纯净的。

从理想的角度说，你在任何情况下都能够呈现出纯净的自我，但这通常难度很大，你几乎无法做到这一点。不妨静下心来，在上午、傍晚或者周末做做精神修行，努力让自己变得纯净。做那些能让你的内心安静下来的事情。

当你下次进入工作场合时，你可能会再次失去那种纯净感。你只需回到家里进行反思和回顾，看看你是如何失去它的。当你第二天外出，并且再次失去它以后，你可以开始写日记，记录下"我今天是怎么失去它的？"。然后，你再次进行反思式的修行。你会开始观察一直以来你失去纯净感的主要原因。当你看到那些妨碍你变得纯净的因素时，迷恋情结的触角就会变得松弛下来。

如果你不欣赏我，那是你的问题。如果我需要你的爱或你的认可，那就是我的问题。我的情感需求会给予你支配我的力量。但那不是你自己的力量——那是我的愿望系统的力量。其他人所拥有的能够让你失去平静、爱和意识的力量，和你自己的头脑的迷恋感和依附性有关。

因此，你需要自我修行，需要更多的冥想，需要更多的反思，需要一个更深层次的哲学框架。你也需要更多地培养意识见证过程。你需要在悲观或者艰难处境下更多地练习敞开你的心灵。这是你的工作。你面对的是一门沉重的课程，一个系统性的课程负担。仅此而已。不会有人指责你；不会有人给你打分。在这一刻，它完全是你自己的事情。

将人际关系用作一种通向自由的工具，意味着我们必须学会倾听——倾听每个人在不同意识层次的声音。倾听的关键，来自于安静的思维和开放的心灵。要使用你的所有的感官。倾听，倾听，只是倾听——不仅要用耳朵，还要用你的整个身心。你的身心是倾听的工具。你在生活中的感知机制，不仅仅是你的耳朵、眼睛、皮肤和分析性的头脑。它是某种更深层次的东西，某种直觉性的感知能力。使用你的整个身心，你会成为感知他人本质的触须。接下来，为了让人际关系永葆活力，最重要的滋养物之一就是真理。

真理会让你自由

甘地在他所谓的"真理的实验"中度过了他的一生，他每天都在学习如何找到真理。他说，"只有上帝知道绝对真理"，并且进一步指出，作为凡人，他只能知道相对真理，因此他对真理的理解每天都在发生变化。甘地说过，他献身的是真理，而不是一成不变的结论。重要的是要尊重你自己的真理，即便在别人看来，你可能会出现不一致的情况。在面对穆斯林世界的一次讲话中，美国总统奥巴马引用了《古兰经》："铭记真主，永吐真言。"找到真理需要具有辨别力的智慧，而这种智慧来自于从内心深处感觉到神的存在。

在很长一段时间里，我以为真理总是能够用文字表达的，但事实并非如此。有的真理只能在沉默中传达。你要知道何时使用言辞，何时运用沉默。偏执的沉默和合理的沉默之间是有差异的。合理的沉默是不能用文字表达的一个意识层面。在这个层面上，言辞就像是指着月亮的手指，没有任何实际价值。当我们可以安闲自在地共享意识传达的真理时，沉默是我们买得起也应当购买的奢侈品。

当我第二次到印度时，我给马哈拉杰先生带去了一本《找到自我》。在一段时间内，我没有听到他对我说起任何东西，然后有一天，他把我叫到他那里，说："你这本书有的地方没说实话。"

我说："哦，不，马哈拉杰先生。这本书里的一切都是事实。"

他说："这里是这样写的：哈利·达斯·巴巴是在 8 岁时走进了丛林。"（你也许还记得，哈利·达斯·巴巴是接受马哈拉杰先生的委派教我学习瑜伽的。）马哈拉杰先生说："他并不是在 8 岁时走进丛林的。在 1962 年之前，他一直在林业部门工作。"

接着，他把一个人叫过来问："你是做什么的？"

那人说："我是林业部门的负责人。"

马哈拉杰先生说："你知道哈利·达斯·巴巴吗？"

他说："哦，是的，他为我工作过，一直工作到 1962 年。"

马哈拉杰先生说："OK，你走吧。"

接下来，他又用类似方式向我指出了其他段落中的几个谬误，然后说："你为什么要这么写？"

我说："是这样的——是有人告诉我的这些东西。我不知道是谁告诉我的，但的确有人，而且是您身边的人。我相信这些事情，因为它们都来自于爱。"

他说："你会单纯到相信别人告诉你的每一件事吗？"

哈利·达斯·巴巴是一个出色而沉默的瑜伽修行者，但他的修行并没有达到十分高超的境界。也许我那样描写有关他的经历并且听从了有关他的传说，只是因为我想让我的这位老师显得很特别。

马哈拉杰先生说："不管是什么原因，这都是一个谎言。你打算怎么做？"

我说："哦，马哈拉杰先生，我会修改的。已经发行了八万册，我不可能把它们收回来。但是这本书就快再版了，我到时候会修改的。”

我给在阿尔伯克基①印刷这本书的喇嘛基金会发了一封电报。我请他们在下次印刷时删掉有关哈利·达斯·巴巴的两个段落。时任基金会负责人、现在被叫做努阿金的史蒂夫·德基在回信中说：“现在做不了这件事。我刚刚从阿尔伯克基那里回来，”——印刷厂距离喇嘛基金会有数百英里，由于地理位置偏僻，基金会当时没有安装电话——“我告诉过他们加印这本书，而且他们当天就要印刷。”这是圣诞节前的紧张需求所致，而且可能已经印刷了。史蒂夫说：“我收到你的电报太晚了。我们会在第三版时更改，它在三个月后开机印刷。”

我回到我的上师那里并对他说：“马哈拉杰先生，很遗憾，我只能等到第三版再做这件事。现在要改变它，至少要花费一万美元。我们将不得不扔掉所有印刷出来的东西。”

他看着我，说：“现在就做这件事。”他接着说：“金钱和真理之间没有任何关系。”

我又给喇嘛基金会发了电报，说：“别管费用的事。马哈拉杰先生说现在就做出更改。这是他的书。”

史蒂夫在发回来的电报中说：“也许你想不到，发生了一件

_____

① 美国新墨西哥州最大的城市。

不同寻常的事情。就在你发来电报让我们更改的当天，印刷公司方面发来了一封通知。当他们开始将书稿付印时，一个制铅板损坏了。连同受损的那一页内容，包括马哈拉杰先生的一张照片，当他们从文件中查找原始照片时，那张图片不见了。那是唯一失踪的东西。所以他们终止了印刷，发来通知要求得到进一步的指示。"

金钱与真理之间毫无关系。马哈拉杰先生影响到的不但是那本书、那台印刷机，还有我的思维。

中国的《道德经》① 说："五色令人目盲，五音令人耳聋。"我们经常不能完全听到真理，因为我们的心灵受到了某种迷恋情结的干扰；我们听到的只是我们自己欲望的投射物的声音。因此，我们做出的一个又一个决定，最终都未能与事物规律之间达成最大的和谐，而是与其背道而驰。摆脱不必要的执迷，意味着你必须处理好你的欲望问题，直到不再受制于那种欲望的干扰。欲望可能仍然存在，但你可以不再过度关注它。

当我们心情不受影响地看待事物时，真理就会变得不言自明。当我们全身心地活在当下时，真理就会在我们眼前显现。

---

① 又称《道德真经》、《老子》、《五千言》或《老子五千文》，是中国古代先秦诸子分家前的一部著作，传说是春秋时期老子所撰写，是道家哲学思想的重要来源。

处理你的情绪

治疗你的情感问题的一种方式，是强化你的自我存在的另一部分，比如意识的自我见证。在处理你的一个又一个情绪问题的过程中，可以使用自我见证过程培育你的意识。当你作为见证者的能力变得更强大时，情绪问题对你的影响就会迅速减弱。

通过见证训练，你可以剥夺情绪对你的控制力。当你深陷心理问题并不断尝试去解决它时，你只是在加大那些问题对你的控制力。那将是一个无底洞。

自我见证将允许你承认那种情感或情绪，并且认定它们是人类状态的一部分。解决情感问题的最快捷方式就是：首先承认它，允许它存在，然后将它放弃。你能够通过各种方式做到这一点。例如，你可以使用哈达瑜伽产生的身体能量，去对付在你的身体里积聚的化学成分和紧张感。有时候，音乐可以带来帮助，有时候，你只需感受你自己的呼吸，不断地提醒自己放松，放松。唱诵能够给你带来激励的祷文，也可以使你很快进入狂喜状态，因为很多祷文都具有让你摆脱个人情感的力量。

当你的修行得到加强时，你就能够在情感问题变得让你不堪忍受之前看到它的存在，并且产生强大的肾上腺素去阻止它的进一步发展，不再让它对你形成更大的控制力。如果你的消极感受变得失控，最好的做法就是静静地坐着，让它们自行溜走。巴格旺·达斯曾经对我说过："情绪就像波浪。你可以远远地看着它们消失在浩瀚而平静的海洋中。"

自我见证能够让所有情感问题和生活压力的强度迅速减弱。按照我的理解，其中的关键一环，就是要正视那些负面因素，让它们落入你的视线当中，从旁观者的角度高屋建瓴地去看待它，这样你就不再拘泥于既有的思维方式。爱因斯坦说："我们现在面对的很多问题，不能在我们创造这些问题时的同一个思考层面上来解决。"

你可以在祈祷过程中改变思考层面，把一种情感提供给神或者你的上师，作为将其放弃的一种途径："给，请接受它吧。我权且把它交给您了。"也可以通过自我欣赏的途径："是的，你还在这里。你只是暂时不够快乐而已。啊，就是这样，其实你没有什么大错。"或者是在不否认其存在的前提下正视现实："我感到烦恼，感到不适，但一切都会过去的。"这就像是与神交谈，并且说："您瞧，我是一个多么可爱的人。"

当我研究人的心理问题时，我发现几乎每一个问题的根源都和不满足感有关。这些都是个性结构的基本成分。你要了解这些问题，要意识到你的病理起源和其他任何人并无不同。这种智慧可以使你产生对于自己以及他人的爱和同情。

你还要探索问题背后的成因——不要去询问自己"我是否很好"或者"我是否可爱"，而是要了解"我是谁"。"我是谁"包括这一事实：我做过哪些好事，又做过哪些坏事。当你开始进入"我是谁"这一思考层面时，就会从不同角度感觉到真实的情感，并在灵修技巧方面变得更加得心应手。热爱这些情感，有助于它们的及早释放。

当你渴望爱的时候，这意味着你渴望回家，渴望平静，渴望与宇宙融为一体。换句话说，你向往充分活在当下的感觉，向往人生充实的感觉，向往被爱所滋润的感觉。

对待他人的态度

注意观察你的思维是如何做出评判的。喜欢评判别人，部分原因是缘于你自己的恐惧。你评判别人，首先是因为你自己的存在让别人感到不舒服，你相对于其他人所处的位置令你感到尴尬。评判思维容易造成膈膜感和分裂感。它会使你与别人隔离开来。隔离会使你的心灵关闭。如果你的心灵对某人封闭，你就是在延续你的痛苦和对方的痛苦。摆脱评判的倾向，意味着用开放而非封闭的心灵去欣赏你的处境和他们的困境。然后，你就可以让自己和他人敞开心灵，而不是彼此隔离。

这当中唯一涉及的就是自我的存在感，其中既有高峰，也有低谷。你的低谷事实上比你的高峰更有趣，因为它向你表明你目前不属于那里，你有更多的工作要做。

你只需对你的心灵说："谢谢你给我上了一课。"你不需要评判其他人，你只需恰当的自我修炼。

当有人激起你的愤怒时，你生气的唯一原因，是因为你一直都在保持自己的偏见。你拒绝客观地面对问题。以后你就会知道，是不恰当的预感给你自己带来了不幸。当你因为某种事物不符合你的期待而感到沮丧和恼火时，审视一下你自己的思维方式，而不只是审视那种让你失望的事物。你会看到，你的很多情感的痛苦，都是来自于你既定的思维模式，以及你难以面对事物本来的运行方式的能力。

马哈拉杰先生告诉我要爱每一个人。"爱芸芸众生，因为我们同属神的子民——爱众生就是爱你自己。神无所不在。只有爱每一个人，他才会感受到你的大爱。不要生气。拉姆·达斯，不要生气。要说实话，要爱每一个人，不要生气。"

你是知道的，当人们对你说这样的话时，你会本能地说，"是的，没错，绝对应该如此！"这就像是你喜欢中国食物一样，你在某种程度上会觉得这是天经地义的，因为当你还是个孩子的时候，你就被告知了这一点。

当以高级修行者的身份在西方待了两年之后，我又回到了印度。这对我而言是一次太过沉重的旅行，因为我仍然无法摆脱贪欲和懒惰状态。还有那么多我仍然不得不吃的比萨饼，因此，当有人总是在看着我的时候，我就很难偷偷地享用它们了。最后，我不得不逃回印度，希望藏在一个洞穴里，直到我能够静下心来为止。但是在印度的所有时间里，不管我去哪里，总能碰上出来散心的一道修行的西方人。慢慢地，我开始憎恨他们所有的人。有那么多西方人就在眼前晃悠，我怎么可能进入洞穴而让自己变得圣洁呢？

一年时间过去了，除了几个星期之外，在印度中部的我仍然完全沉浸在西方思维中。我们都在和马哈拉杰先生打交道，最后我做出了决定，"好吧，他总是说要讲实话，不要生气，但我想说的实话就是我很生气。长久以来，我表面上假装我爱所有的人，内心深处却充满了愤怒。这种虚伪性让我无法忍受。马哈拉杰先生强调过要说实话。我需要寻求变化，因此我觉得我应该说实话了，因为我不能两者都做。"

人们会到我的房间来拜访我。他们其实都是可爱的人，而我却说："给我滚出这间屋子，你这个懒鬼。你让我作呕。"很快我就行之有效地疏远了整个圈子。他们不想拿我的态度当回事，但我却很执着。我当时正在做一种萨达那的修行——一种尽量不去碰钱的修行。为了每天从镇上到寺庙里去，我们通常同坐一辆公交车或者出租车，而且有人会为我付钱。可是我对他们是那样恼火，以至于我不能与他们一起待在公共汽车里。所以，我开始步行去寺庙，这要花上几个钟头时间。

有一天，我步行去那里迟到了，因此我非常生气。庭院里的每个人都坐在马哈拉杰先生对面，吃着经过赐福的食物"普拉萨德"。有一只盘碟是留给我的。一个尤其让我生气的人把食物盛到上面，并且放在我的面前。我是那样生气，以至于把它抓起来扔向他。马哈拉杰先生看着这一切并把我叫过去。"拉姆·达斯，有什么在困扰你吗？"

"是的。我无法忍受铜臭，我无法忍受杂质。我无法忍受那些人，我也无法忍受我自己。我只爱您一个人。我讨厌其他所有人。"

这时，我开始号啕大哭——我长时间地哭，好像所有的愤怒都在从我的体内涌出来似的。马哈拉杰先生叫人端来了一杯牛奶，接着他一边喂我牛奶，一边拍着我的头，并且拨弄着我的胡子，接着，他也开始与我一起哭。然后他看着我，说："爱每一个人，不要生气。"

我对他说："是这样的，你让我说实话，但事实上，我并不爱每一个人。"

他凑近我——他的鼻子几乎与我碰到一起——有些严厉地说："爱每一个人，不要生气。"

我开始说，"可是……"就在这时，这句话的剩余部分对我而言，忽然间变得不言而明。我听见他对我说："当你不再是你心中的那个自己时，你就会成为另一个人。"我一直在想着我是那个不可能爱所有的人并且说实话的人。他又说，"听我说，把那种情感丢掉，你不会失去什么，就当作是一个简单的游戏，我会帮助你的。爱每一个人，不要生气。"

我看着对面那些西方人——毕竟，这是我的上师的指令。我看着这些让我那样生气的人，现在我可以看到，他们身上的确有值得我去爱的地方。

随后，他说："去吃东西吧。"我走过去开始进食。我仍在哭泣。

他把大家叫到他跟前，说："拉姆·达斯将是一个伟大的圣人，去摸他的脚吧，他会把苹果割开分给你们吃。"这彻底激怒了我。我不需要他们来摸我的脚，我更不愿把苹果分给他们吃。

通常，当你生某人的气时，你会做的就是坐下来，说出你想说的话，直到大家都保全了面子。你知道那会是怎样的情形：

"我错了，对不起。""嗯，你能这么说很好……"麻烦在于，他并没有说我应该避免羞辱他人或者被他人羞辱。他只是说要爱每一个人，要说实话。他只是在告诉我要放弃一切消极的心态。

我发现，我生气的唯一原因，是我始终坚持既有的想法。终于，我把几个苹果切成碎块，然后我开始走动，看着每个人的眼睛。在我的愤怒感消失之前，我不应该把苹果喂给他们，因为带着怒气提供食物就如同是给别人下毒。一阵阵愤怒感随着食物被一道传递。这是伤口愈合的对立面。我看着每个人的眼睛，我也看到了让我生气的业力。而且它开始消解。我能够感觉到，此时横亘在我们之间的唯一障碍，就是我的傲气。我只是不想放弃我的自以为是。然而我逐渐发觉，我必须摆脱它——必须让它消失，直到我能够正视他们的目光，看到我的上师，看到我自己，看到他们的灵魂。我必须放弃我们的个体差异。这花了相当长的时间，因为我不得不针对每个人的不同情况而做到这一点，其中有些人比别人需要更长时间。

经过那次教育之后，你可能会认为，我不会再生气了。不，我还会生气。但是，当我开始生气时，我能够看到我的困境，以及我如何陷入先入为主的感觉和判断。

学会放弃愤怒，是一个持续的过程。当马哈拉杰先生告诉我爱每个人并要说实话时，他曾对我说过："放弃愤怒，我会帮助你的。"后来，马哈拉杰先生还给我提了一个条件："你必须擦亮镜子，消除愤怒，这样才能看见神。如果你每天放弃一点儿愤怒，我就会抽出更多的时间、用更多的爱来帮助你。"

这似乎是一个公平的协议，我欣然接受。他果然说话算数。我发现他的爱有助于我摆脱我的自以为是，取而代之的，是爱和自由的感受。

如果你有一种社会责任感，首先要提升自我意识的层次。如果你想生活在一个平和的宇宙中，让自己变得平和是第一步。

你可曾注意过在和平集会上有多少愤怒的人？社会行动会激发人的正义感，但也很容易导致自以为是的情结。自以为是最终会让你陷入绝境。如果你更多地想要自由而非枷锁，你就必须放弃你的自以为是。

这让我想起一个故事。有一个中国船夫，他在大雾中撞到了另一艘船。他开始咒骂另一个船夫。"你这个狗娘养的！你为什么不看清楚你要去哪里？"然后大雾开始消散，而他看到那艘船上空无一人。于是，他感觉自己像个傻瓜。

自以为是的情形大致相同。比如说，你对你的父亲怀有怨恨，你在脑海里同他对话，仿佛他就在你的身体内部一样。但他并不在那里。在心理层面，你认为他在那里，因为你认同了你所认定的那个自我，然而一旦你开始看到，这些只不过是一堆想法，你那个心理层面的父亲就只是另一种空洞的幻象。你对心理层面的这个父亲不停地说"我原谅你，我原谅你"，但这就像是对一台时钟说"我原谅你"。

那里什么都没有。你和那个船夫并无不同。

没有什么可着急的。你可以继续自以为是。不过你很快就会看到，自以为是的结果，实际上就是给自己制作一个逼仄的小箱子，它会限制你的自由，它会让困在里面的你了无生趣。自以为是会让你脱离正常的生活轨道。

当我在与别人的交往中陷入困境时，这并不是因为他们对我做了什么特别的事情。他们只是在做他们正在做的事情。如果我陷入了评判他人的桎梏，那么责任在我，而不在他们。

这成了我自己管理好自己的工作的出发点。我常常说："我真的为我在这种场合下给你造成的任何麻烦或痛苦感到歉意。"

在过了一段时间之后，他们会主动走过来并且自我审视地说，"哦，也许我当时……"于是，一切膈膜转瞬间烟消云散。

我们的困境是，我们总想在那些不了解我们有多么正确的人所构成的世界中，不遗余力地显示自己的正确。

但是，如果你在情感上执迷于你心目中那个世界的模式却不顾人类的本质，那就是你的立场出了某种问题。你应该站在其他某个地方，换一个角度看问题。在你的情绪反应中，迷失和混乱并不是你需要的结果。尊重你自己的人性以及他人人性的本质，是建立仁爱和同情心的开始。

我们具有人类的化身。我们不可能摆脱这一事实。只要顺应佛法，你就能够听到其他人内心的声音。

有信仰，无恐惧；无信仰，有恐惧

当你顺应了你自己的佛法时，就会积极面对让你陷入困境的因素。当你怀有恐惧时，你就无法体会到真正的自由。富兰克林·罗斯福总统说："我们唯一不得不恐惧的事情，就是恐惧本身。"

恐惧是一种保护机制，也就是说，你会对你受到的威胁相应地产生焦虑感。恐惧会使你固守你熟悉的生活结构。如果你忙于将自己认同为一个孤立的实体，你就会害怕那个孤立的存在物的消失。当你真正相信自己拥有灵魂时，你就不再有恐惧。灵魂并不认同肉身的终结，也就是我们所认为的死亡。

自从认识马哈拉杰先生以后，我就没有再感受到死亡的恐惧是一种真正的恐惧——就如同在过去很多个年头里，当我处于死亡似乎迫在眉睫的情况下而产生的绝望感。尽管我没有先前那种通常的焦虑感或恐惧感，然而，我会保护那个等同于我的身体的寺庙，因为它是我自我修行的重要渠道。我不是出于恐惧才要保护它的，因为似乎在我前进的路途中，对于死亡的恐惧已经不知不觉地消失了。那种恐惧的消失改变了我的日常经验的本质。现在，我的每一天都恢复了它应用的状态。

当你感到恐惧时，你会感觉脆弱、孤立而且易受伤害。当你体验到爱的感觉时，你是万物合一状态的一部分。爱是恐惧的解药，因为它会消除你的隔离感。当你培养那种统一性的感知时，恐惧就会消散。

随着恐惧消散，你在宇宙中会感觉安全。如果你的意识驻留在灵魂里，你就会沐浴在爱的感觉中。这不只是一个概念或一种信仰，而是亘古不变的事实。当你有信仰时，你就没有恐惧——只有爱。当你知道你的本质是灵魂，而灵魂的本质是爱的时候，真正的信仰之光就会出现。

早在1970年，有一次，我开着一辆我将其改装成房车的1938年产别克轿车行驶在纽约高速公路上。我开得很慢，因为这是一辆很老旧的车，我一只手握住方向盘，另一只手捻转着我的念珠——这只是另一种用以打发时间的神性形式。我仅仅以足够让汽车行驶在路面上的意识控制着方向盘。我哼唱献给克里希纳的颂歌，他是一个演奏长笛、浑身蓝光四射的神灵的化身。克里希纳代表着受爱者充满魅力的一面。当我驾车沿着纽约高速公路行驶时，蓝色皮肤的克里希纳仿佛就守候在我的身边，让我感到狂喜，就在这时，我注意到我的汽车后视镜有一道蓝色闪光。我心想："克里希纳来了！"

由于我的很大一部分注意力都集中在驾驶上，所以我知道那是一个州警察。我把车停在一边，他走到车窗前，说："我可以看一下你的驾照和身份证件吗？"

我看着他，就像看着来为我沾光①的克里希纳一样。

这是1970年。克里希纳会不会以一个州警察的化身到来呢？须知耶稣曾经化身成一个木匠来到人间。

克里希纳想要我的证件。这太简单了。我会给他任何东西；他可以拿走我的生命，但他想要的只是我的驾照和身份证件。所以我就把它们交给他，我感觉自己好像是在把鲜花抛到神灵脚下一样。我带着绝对的大爱看着他。

他回到他的警车那里，并且给他的总部打了电话。然后他又返回来，绕着汽车转了一圈，问："座位上那个箱子里是什么？"

我说："是薄荷糖。你想来一块吗？"

他说："哦，你的问题是你在高速路上开车太慢了，如果你

---

① 佛教的一种赐福仪式。

要继续开得这么慢，你就必须离开高速路。"

我说："好的，绝对没问题。"我只是带着那样多的爱（当然不是那种情感之爱或者两性之爱的爱，而是慈悲之爱的爱）看着他。

如果你把自己放在一个州警察这一角色的立场上，你觉得他们有多少次会得到这种充满无条件的爱的注视呢？（尤其是在他们穿着制服的情况下。）所以，当他对我作了充分解释之后，他并不想离开，但是他已经用完了州警察这一身份赋予他的权利。于是，他在那里站了一分钟，然后说："你的车很漂亮！"

我随即下了车。这样，我就能够一边踢着轮胎和挡泥板，一边说，"这些东西和过去没法比了"，接着讲了这辆老爷车的故事。我们说完了这个话题。我能感觉到他依然不想离开。我的意思是，既然你能够感受到无条件的爱，为什么你要离开呢？

他最终结束了这种跑题的交流。他知道他必须坦白自己就是克里希纳，所以他说："一路顺风，愿你好运！"这不是州警察的话语风格，但这无所谓。当我坐进车里并且驶离时，他站在他的警车旁边。我从后视镜里看到他在对我挥手。

请告诉我，那是一个州警察还是克里希纳？

无所不在的知音

当你的上述修行开始奏效时，你与人们相处的动力会开始变化，你与之相处的人也会发生变化，随着某些长期关系或者相处的方式被丢弃，有时候这并不容易。你的旧友可能会觉得你有点儿沉闷，因为你已经在一定程度上体验到了某种真理——一种与你的不同化身特质有关的更深层次的真理。过去的那些诱人的社会交往，在你的受爱者对你产生的吸引力面前变得黯然失色，因此社交生活似乎开始有些异常。并不是每个人都能够"听见"你的灵修体验所具有的效果。你一直都在寻找神——不管那个受爱者以什么形式触摸你的心灵。实际上，你正在四处寻找的，是来自你灵魂深处的声音。

诗人兼圣人卡比尔①说：

你在寻找我吗？

我就在你旁边的座位上。

我的肩膀紧挨着你的肩膀。

---

① 卡比尔（1440—1518），印度神秘主义者、诗人和圣人，他的著作极大地影响了印度著名的巴克提宗教改革运动。

你不会在佛塔中找到我。

不会在印度圣殿和犹太教堂找到我。

不会在唱着科尔坦①或者在吃素食的会众当中找到我。

当你真的在寻找我时，

你立刻就会看见我。

你会在一个最不起眼的时光的角落找到我。

卡比尔说，我的弟子啊，请你告诉我，什么是上帝？

上帝，就是你的呼吸里面的呼吸。

　　当你第一次觉醒或者开悟，并且具有了一种灵性的视角时，萨桑修行②尤其能够为你带来帮助。坚持萨桑修行，就像是置身于一个充满灵性的家庭。萨桑是真正的精神信仰者的大本营，是信奉宇宙中有一个非凡的意识存在物的集合体。歌德有一个动人的结论："如果一个人只想到高山、河流和城市，那么这个世界是如此空虚；可是，倘若知道那里有个人与我们一样思考和感受，那个人距离我们很远但在精神上与我们接近，那么这个星球在我们的眼里，就会成为一个永恒的家园。"

　　一旦我们放弃了我们的各种负担——愤怒、自大、妒忌，

---

①　一种常伴有乐器演奏的印度教唱颂歌曲。
②　印度教中一种以唱诵和冥想为主要特征的修行方式。

我们的控制欲，评判性的思维，诸如此类——而体验到自由的滋味，我们就会以新的方式去看待那些东西。

这就是活在当下的教诲。对于任何能够理解这种宝贵的新生是一个觉醒的机会，对一个了解神的机会的人而言，他（她）的整个一生——婚姻、家庭、工作、娱乐、旅游，所有的一切，都会成为实现这一目标的手段。事实上，你只是让你的生活具有了灵性。

耶稣说过，我们生在这个世界，但不一定要被同化；我们生在这个世界，但不能随波逐流。你在过好你的正常生活的同时，还要让你的意识变得自由和开放，不要被任何外力所束缚，要体验这永恒的一刻带给你的富足感。

第四章

年老和变化

那是在深夜。车站已经停止售票了，所以我不得不在车上买车票。我刚满 60 岁。当售票员走过来时，我说："我想买一张老年票。"我感觉到我就像是 18 岁时在纽约和朋友们去酒吧时的感觉。因为我还不到饮酒年龄，所以只能战战兢兢地对那个服务生说："我想要一杯啤酒。"现在，那个售票员立刻就拿出了一张老年人车票。我说："你不想看看我的身份证吗？"他说："不，不需要。"我很震惊。

在我大约 50 岁之前，我几乎总是把自己看成是一个十几岁的青少年。大概在走进酒吧的那个时候，我开始考虑我是一个成年人的可能性。我忙着思考精神层面的东西，因此我认为年龄是相当无趣的事情。毕竟，重视精神生活的人是永远不会老的，对吗？

当我到 60 岁时，我认为我最好看看在老年时，是否有什么需要我做的工作。在过去几年中，我在生日时通常是外出旅行，所以，人们都不能给我举行生日聚会。今年，我让朋友们知道我想要办一个生日派对，因为 60 岁是一个重要的年龄。我已经办过几次聚会了。在年满 60 岁之际，我在六个多月的时间里一直都在忙碌着。

有一天，我低头看着我的手，我看到的是我父亲的手。"这是一个 60 岁的人的手，"我心想，"看得见骨头、血管、皱纹和斑点。"我记得意大利"宝塞莱那"护手霜的那个广告，广告里说，"他们管这些东西叫老年斑。可我觉得这玩意儿很丑陋"。这难道不是年老在使用一种特别的方式来创造痛苦吗？"他们管这些东西叫老年斑。"——这是一种典型的看待年老的方式，而且这种情形司空见惯。

我开始觉得，也许是时候对一切做个了结而不是开始新的项目。也许我应该写我的最后一本书，或者每年花上半年时间外出休假。当我坐飞机旅行时，我发现通向大门的机场走廊似乎变得更长了。我让自己沉浸在那种像是变得更老、速度更慢的状态中，并且很尊重这一崭新的过程。

就在我品尝衰老感觉的同时，我的言行举止开始有些古怪。我意识到，我是在试着让自己显得更年轻，试图去完成那种我凭借体力已不再能够完成的事情。我曾经和一个 33 岁的朋友到南太平洋徒手冲浪。我在塔希提岛海域被 15 岁到 20 岁的人所包围，体验到了感觉不到年龄差距所带来的乐趣。但我当时很吃力。我转错了弯，被撞在一处珊瑚礁上的一个浪头重重地击打了一下，两条腿被划伤了。那个年轻的冲浪者怜悯地看着我。我心想："我到底在做什么呢？"

在那一刻，我父亲过去经常背诵的一段诗行出现在我的脑海里：

> 他们对我说，让你变老的
> 并不是你眼角处的鱼尾纹，
> 或者是你头发中夹杂的白发。
> 让你变老的是你的心灵。
> 兄弟啊，当你的心灵收缩到
> 身体无法填充的程度时，
> 你就是在走下坡路了，
> 你就是在走下坡路了。

年龄老化的很多痛苦，都和我们的自我意象有关。当我在 63 岁时写了一本关于年老的书时，我发现我需要完成我的人生的这部分课程，需要面对事实，需要回避痛苦，与此同时，我也需要看着我的精力如何变得不那么可靠，我的生活规律会发生什么样的变化。例如，我现在必须生活得更节俭一些。我也要看到，当我成为一个老年人时，社会如何夺走了我的某些权利。但是，我并没有疲于应付个人状况的每一种变化，我感受到的只是："啊，又是一个新的开始！"

对待衰老的文化态度

在美国，你可能会在 55 岁、60 岁或者更晚一些时候退休。医疗保健始于 65 岁，不过，除了开始享受到老年人的其他某些特权之外，没有任何明确的仪式表明，你是一个老年人或者年长者，而且你也并不十分清楚年轻与衰老之间的界限究竟是什么。

经济生产力和社会角色在我们的社会——这个现代狩猎部落——当中，会产生极大的压力。在传统的狩猎社会，部落必然要继续发展，当老人们跟不上节奏时，他们往往只能被抛在后面。就某种功能层面而言，他们会被视同无物。

我想起一个古代中国人退休的故事。他太老了，甚至不能帮着家人在花园里干活儿。有一天，家人坐在门廊上聊天，那个老人的儿子心想："唉，他都这么老了，光吃饭不干活。他有什么用处呢？应该让他去见阎王了。"

于是，他制作了一个木箱子，把箱子放到独轮车上，并且推着独轮车走到门廊那里，说："爹，坐进来。"父亲进入了那个箱子。儿子用一块布把箱子盖起来，推车朝悬崖走去。当他到达悬崖边时，从箱子里传出来敲击声。父亲说："儿子，我知道你在做什么，我也知道你为什么这样做，但我建议你把我推下悬崖就行了，把箱子保存好。你的孩子以后会需要它的。"

帮助我避免陷入我们西方式的、以年轻为基础的文化模式的方法之一，就是我经常旅行。我总是对在不同文化中人们对于年老的不同感受感到好奇。当我在印度时，我在一个山村里见到了一个亲爱的老友。他对我说："拉姆·达斯，你看起来这么老了。你有那么多白头发！"我的第一反应是来自西方式的传统："这真是一种侮辱！上帝啊，这太可怕了！"但是，当我平静下来以后，我听出了他说话的语气。他是以极大的尊敬和爱戴说出这句话的。我已经成了那个地区一位受欢迎的长者。

他是在说，"你已经赢得了一位长者应得的尊重。你拥有我们可以依靠的智慧，我们愿意聆听你的教诲"。

印度的吠陀哲学把人生概括为四个阶段并进行了总结：

- 到 20 岁时，你的基本身份是学生。

- 从 20 岁到 40 岁，你是一个养家糊口的人，你需要赚钱和抚养孩子。

- 从 40 岁到 60 岁，当你的孩子长大时，他们会接管你的事业，而你学习哲学、朝圣并做修行。

- 从 60 岁起，你放弃你的责任。你是自由的。社会将会赡养你，因为它需要你所提供的智慧。

在一种大家庭结构的文化中，每个人都有天然的角色，老人会受到尊重和爱戴，他们仍然是家庭的一部分，而且老年人和孩子一起成为"聪明的傻瓜"。这种系统已经变得根深蒂固。可是在我们的西方文化中，我们有一个不得不面对的老化问题。西方科技进展如此之快，我们很快就会落伍。我们这些老年人的智慧的用处变得可疑。我试着学习新的计算机程序，我告诉自己，老狗也可以学会新招数。然而，我不知道我还要学习多少新招数。也许我只会选择让自己落伍。

我们至少应该认识到，我们正生活在一个失去平衡的系统中。你我正在为生活在一个重实利的社会当中而付出代价，这个社会重视人们创造的产品、他们的成就及其消费能力，而不是挖掘他们存在的其他价值。对于独立性和个性的激情，使我们不但远离了更深层次的自我，远离了家人和社区，也远离了大自然。

就像我们很多人所做的那样，由于减少了与大自然的接触，我们忽略了冷暖周期，忽略了从嫩芽萌生到秋叶飘落的周期——开花，结果，收获，冬天的死亡，以及春天的重生的自然周期。大自然的周期为衰老赋予了一种直观的、天然的含义。它们会使你产生相应的时间感和空间感。如果我们老年人感觉到没有目标，那可能是因为我们的文化中也缺少对于人生终结的洞察力。

应对变化

一个年长者走在街头，他听到一个声音说："喂，你能帮帮我吗？"

他环顾四周，但没有看到任何人。

他再次听到："喂，你能帮帮我吗？"

他低下头，那里有一只大青蛙。他感到尴尬——我的意思是，你是不会跟青蛙说话的。但是他说："你是在跟我说话吗？"

那只青蛙说："是的，你能帮帮我吗？"

"哦，你需要我帮你什么？"

"我被下了诅咒。如果你把我捧起来亲吻一下，我就会变为一个美丽的少女，我会给你洗衣做饭，温暖你的床铺，而且我会成为你渴望的任何东西。"

那人在那里站了一会儿。然后，他拿起青蛙，放进口袋里并继续走路。

过了一会儿，那只青蛙说："喂，你忘了吻我了。"

那人说："你知道吗，在我这个年龄，我认为拥有一只会说话的青蛙，才是更有趣的事情。"

衰老的本质必然和变化有关。老年，将会训练你发生改变——你的身体的变化，你的记忆的变化，你的人际关系的变化，你的经历的变化，你的家庭和社会角色的变化——所有这些都在通向死亡，而死亡是我们生活中的巨变。你可以把你的生命中这最后的部分、这个特殊的年龄段看成是一种能量衰减。另一方面，从灵修的角度来看，这些变化当中有许多都会带来极大的影响。你的自我的喧嚣会平静，你的动机会变得清晰，而智慧之泉开始涌动。

智慧是生命中并不随着年龄增长而减弱的一种东西。智慧会在任何时刻学习如何与当前世界和谐相处。智慧的一个重要方面，就是深刻理解我们都在同一条船上这个事实。慈悲之心也会随之而来——对你自己的慈悲，对他人的慈悲，对世界的慈悲。你能够接受这些变化，享受它们带来的乐趣，并从每个变化中寻找内在的智慧，而不是抗拒它们吗？

变化的现象总是无比精彩而且引人入胜。可是，当我们的自我意象开始改变时，那种迷恋感就会转变为恐惧。通常说来，衰老带来的个人变化既包括生理层面的，也包括心理层面的。当身体不能做过去习惯做的事情，而是开始去做很多过去不喜欢的事情时，那种感觉尤其痛苦而且令人迷惑。

身体的改变是无穷无尽的。如果你认同了你的身体的一切变化，它们就可以完全攫住你的意识。在圣彼得堡、佛罗里达或者亚利桑那州凤凰城这样的地方，在那些属于阳光地带的聚居区，长椅上总是挤满了老人，他们会彼此复述这些变化。他们有时管这种情形叫做"风琴演奏会"。你没必要主动去问对方"你身体好吗？"，除非你真的有时间去聆听对方一发而不可收拾的倾诉。

虽然你可以听到那种场景对某些老人而言是如何真切，但你不妨想象一下，你和阿尔伯特·爱因斯坦、毕加索、莫奈①、

---

① 法国画家，印象派代表人物和创始人之一。

马克·夏加尔①、鲍勃·霍普②、摩西奶奶③或者玛格丽特·米德④坐在同样的长椅上的情形。你能想象他们有同样的反应吗？

我们如何应对变化，部分取决于我们的感知能力。从感知层面说，我们每个人都是两个生命：自我和灵魂。它们是在不同的意识层面发挥功用的。如果我们主要是生活在我们的灵魂里，那么身体的变化就会很有趣，就像是天气的变化。

有一种方法可以思考你的感知能力这种东西。假设你的眼睛旁边有一个小小的电视接收器。让我们假设不同意识层面是电视机的频道。我们中的大多数人，在这种文化当中的大部分时间里，表现得就如同拥有一台具有一两个频道的电视机。我们并不拥有可以播放数百个频道的有线电视或卫星电视。但是，也许我们已经听说过电缆，而且至少能够承认在这个房间里飘来飘去的其他信道的存在，尽管我们并没有真正捕捉到它们。我们不能接收它们，因为不知道如何调整我们的接收器。这基本上就是感知的含义。

---

① 白俄罗斯裔法国画家、版画家和设计师。

② 美国喜剧和电影演员，生于英国，20世纪40年代主演过大量喜剧片。

③ 美国知名民俗画家，76岁时开始学习绘画，80岁在纽约举办个展，引起轰动。在二十多年的绘画生涯中，共创作了一行六百多幅作品，并被世界各地的博物馆收藏。

④ 美国女人类学家，美国现代人类学成形过程中最重要的学者之一。

在第一频道，当你看着另一个人时，你会看到对方的身体特征：年老、年轻、深色、浅色、肥胖、消瘦等等。特别是如果你迷恋自己的身体时，当你看待这个世界时，你所看到的东西就是其他人的身体而非灵魂。那就是你收看频道的节目内容：青年、性别、健康、时尚、美容和体育等等。

切换到第二频道，你接触到的是社会心理节目。你会看到权力，你也会看到快乐、忧愁和神经官能症。这是治疗频道和社会角色频道。在这里，我们是母亲、卡车司机和律师——这里有各种不同的角色和身份，复杂多样的性格和相互关系，所有的社会问题。它是《旋转的世界》①，一个迷人的、一集跟着一集播出的、似乎永无尽头的肥皂剧节目。大多数人都很喜欢收看第二频道。也许你遇见的 98% 的人，都一直在使用这两个频道。

现在，假设你转向了另一个频道：宇宙星际频道。

在这里，你看到的是各种生命的原型，荣格式的原型。你看到的是所谓占星学中的角色或者神话角色或身份。你在这里看到的是人们的神话身份，而不是他们的人格结构。譬如，你会看着我说："他是白羊座。我一眼就能看出来。"这就如同你

---

① 美国的一个长期系列电视节目，1956 年开播，2010 年停播，侧重于关注美国居民的人际关系和生活难题。

知道某个人是射手座还是狮子座一样。在这个频道中，我们所有的人只有 12 种不同的排列形式。

可是，如果切换到下一个频道，你会绕过所有这些个体差异，你看到的是和你一样的另一个灵魂。所有的包裹物是不同的，但是在包裹物内部，就和你自己的情形一样，每个人都存在另一个对应的灵魂。

这时候，你会说："你在那里吗？我在这里。你是怎么进入那里面的？"所有个性化的东西、占星学和神话原型以及物理形式——所有的一切都只是一种包装。在那里面，你只会看到个体的意识实体。

现在，只是为了娱乐而已，让我们再次转向这个频道。在这里，你看着正在看着你自己的自己——这是一种自我见证的纯粹的、唯一的意识。你要尝试去过一种与你所知的其他层面的意识保持和谐一致的生活。那种和谐是随着年龄增长而产生的智慧的一部分。学习如何变老是智慧的杰作，也是伟大的人生艺术这本教科书当中最困难的章节之一。

你的自我意识的一个微妙的陷阱，也是会让你的思维囿于第一频道或者第二频道的陷阱，就是你通常的时间概念，因为年老与时间有关。但是，你有一部分并不属于时间范畴，找到那一部分并且活在其中，是这一神秘之旅的重要组成部分。你首先看到的将是：精神之旅是不断进入更深层次的自我绕开你的变化的部分，以便寻找到那永恒不变的部分的过程。

> 所有的宇宙都只不过是被正确解读的结果……战争与和平、爱与分离是进入其他世界的暗道……但愿我们不要到了衰老之际仍然相信，真理是大多数人所看到的景象。
>
> 威廉·巴克《罗摩衍那》

优雅地老去

我们面临着一个困境：事物会发生变化——我们的汽车会老化，我们的身体会变老。

外部的变化是显而易见的。承认思想和情感也是会发生变化的部分，是一个格外艰巨而微妙的任务。

随着年龄的增长，你在人生中经历的一些思想和感情会给你带来创伤，因为它们与你所认为的自我的核心模式产生了对立。只要你认同你的思想和情感，只要你认为这些想法和感受就是你的本质，它们就将成为一种痛苦的根源。

当面对这些与衰老有关的变化时，你就可能陷入一系列严重的心理问题当中：绝望、抑郁、自卑、无奈、怀疑、脆弱、健忘、烦躁、不自信，对未来充满恐惧，对财产过于着迷，没有朋友，害怕没有足够的钱，不敢接触人，害怕失去权力和影响力，缺乏人生的重点和目标……诸如此类。心理陷阱的一部分来自你的社会支持系统，它也会随着你退出人生的工作而发生改变。你也许不得不离开你的家。你没有多少需要承担的责任。你曾经那样辛苦工作以便获得支持的那种回报系统，将不再为你提供回报。你也许尝试通过把握住既有的一切来维系心理上的安全感，但你永远不知道结果如何。

有一个中国农夫的故事，他的一匹马跑丢了。他的邻居对他说："啊，这太不幸了。"

那个农夫说："这也很难说。"

第二天，那匹马跑回来了，还带回来其他两匹野马。那个邻居说："这真是太好了。"

不料那个农夫说："这也很难说。"

几天后，他的儿子去训练其中的一匹野马，当他骑到马背上时，他跌落下来，摔断了一条腿。那个邻居赶来说："这太不幸了。"

那个农夫说："这也很难说。"

一支军队四处招募士兵，强行带走了当地所有健康的年轻人。他们没有带走那个农夫的儿子，因为他断了一条腿。邻居走过来说："这真是太好了。"

　　而那个农夫说："这也很难说。"

　　如此这般。

　　有一种精神模式能使我们优雅地变老，而不是让我们固守以恐惧和惊吓为特征的陈旧的心理。马丁·布伯①说："如果一个人从未放弃过探索人生的真谛，他到老都是光荣的。"

　　你可以把与年老有关的新的不确定性和负面情绪视为自我提醒的警钟。对自己充满慈悲之情，让自己坦然面对各种变化，你就会得到更加理想的结果。

　　在一张贺曼贺卡②中，我发现了一首关于思维丧失的诗歌。能够随时想起往事是那样有趣，因此我们最大的心理恐惧之一，就是我们的思维的丧失。这首诗写道：

　　　　只要我一息尚存，

　　　　我就不属于死人，

　　　　虽然我变得越来越健忘，

———————————

　　①　奥地利哲学家、翻译家、教育家，他的研究工作集中于宗教有神论、人际关系和团体。

　　②　总部设在密苏里州堪萨斯城的一家美国私营公司，是美国最大的贺卡制造商。

我的头脑越来越蠢笨。

有时候我站在楼梯下面，

想不起我是要上去取什么东西，

还是刚刚从上面走下来。

有那么多次站在冰箱前面，

我那可怜的头脑充满疑问：

我是刚刚把食物放进去，

还是想要把什么东西从里面拿出来。

有时候，当外面天色黑暗而我坐在床边，

我不知道我是准备休息还是刚刚起床。

所以，如果你没有收到我的回信，

你没必要感到恼火。

我可能认为我已经写了回信，

而且不想成为一个令人讨厌的人。

记住，我永远爱你，

永远希望你一切顺利。

瞧，又到了邮寄时间，

我站在那个邮箱旁边，

我的脸是那么红。

我没有把我的信寄给你，

而是把它打开了。

我爱我新的双光眼镜，

我的假牙非常适合我，

我的助听器很完美，

但是主啊，

我的思维不行了，

这让我多么难过。

当衰老的变化不包括一个人自身的特性时，一个人就更容易将自己从衰老过程中解脱出来。尽管你也许能够把身体视为关注的目标，但是你很难把个性视为目标，因为你早就认同了它的存在。你认为这就是你。你仍然会认同既有的想法和感受，尽管它们在不断变化。

现在，让我们深入这个问题的核心：你能够找到一个安全的地方，当你站在那里时，你不会被你的改变所吓倒吗？你能够直面你的变化，适应甚至享受那些变化，做所有涉及变化的事情——培养你的冷静、理智、爱的意识、慈悲心和喜悦感吗？平衡这些特质，实际上是深度灵修的本质。

成为自由的生命

年老会令许多人如此不安的一个原因，是他们的角色会发生改变，而且随着这些变化而来的，是他们会感觉到目标的丧失、自我价值和身份感的丧失、对于如何做人做事的迷茫、不再被他人所需要的感觉。人们不确定如何重组自己的生活，如何展现出那种现在对于他们而言完全陌生的角色。被迫退休以及让孩子离开父母的羽翼的保护，是我们首先会想到的两种角色转变。

要认识到你自己的内部有相互冲突的力量；部分的你想要在这个世界上继续成为有价值的一员，部分的你想要花时间进行严肃而深入的思考。实际上，你应该给你的沉思留出一些空间。要给它浇点儿水，给它一些阳光使之成长，而不是将其视为一种错误。要给自己感到悲伤的机会——因为梦想的终结，因为童年的结束，因为所有从你的生命中消失的人，因为离别的悲伤。

当你感到恐惧或者不确定你的情况时，不妨使用一句非常有用的箴言："我的身体里有上帝的力量。我被上帝的恩典所包围。"对处于困境的你或者你所爱的某个人重复它。它将保护你。感受它的力量。它就像通过你的头顶直抵足心的实心钢轴。恩典将会像一个力场一样环绕在你左右。

　　老年的一个礼物，是不再过多关注别人对我们的看法。衰老使我们变得更加古怪。当我们年轻时，我们会本能地表现得更加"正常"和随大流。随着年龄的增长，我们在为人处世方面更容易自行其是。我们可以自由地做自己——听从我们的直觉，既可以去做我们想做的事情，也可以什么都不做。随着年龄将我们从我们过去的角色中解放出来，它也提供了不同类型的自由和回归真实自我的权利。西班牙诗人纳丁在 85 岁高龄时写了这首诗——《如果我能再活一次》：

> 下一次我愿意去犯更多的错误。
>
> 我会更加放松，会做好一切准备。
>
> 我会比过去的一生表现得更加愚蠢。
>
> 我会尝试更多的机会。
>
> 我会攀爬更多的山，畅游更多的河流。
>
> 我会吃更多的冰淇淋。
>
> 我也许有更多的现实的烦恼，
>
> 但不再有那么多想象中的烦恼。
>
> 唉，我过去总是日复一日地

明智而理性地生活的那种人，

可我的烦恼丝毫不曾减少。

啊，我有过属于我的时刻，

如果我还能拥有那样的时刻，

我一定不再错过。

实际上，我白白浪费了太多的机会。

它们从我的眼皮底下一个接着一个溜走，

那么多年的时间就这样匆匆而过。

记不清有多少次，和许多人一样，

在没有温度计、热水袋、雨衣甚至降落伞的前提下，

我就不会去任何地方。

如果我可以再活一次，

我将会选择轻装上路。

如果我能让我的生命逆转，

我会在早春时节赤脚出发，

并在晚秋时仍然走在那条路上。

我会去参加更多的舞会。

我会更多地去乘坐旋转木马。

我会去采摘更多的雏菊。

……

　　不要固守你过去的角色。如果你培养个性之外的自我和更加纯粹的见证意识，找到心灵深处的"爱的意识"，你就会开始更多地活在你的灵魂里。当你看待其他生命时，你看到的是一个个受爱者，你看到的每一个人都是一个灵魂，都是可以反映出你自己的灵魂的一面镜子。

　　人际关系会变得那样动人。每一个人的奋斗，每个人的旅程，都是如此复杂而精美。你要让自己停下片刻，去欣赏那种美感。它是如此珍贵。大多数人并不知道他们是那样出色。他们在对自己一无所知的情况下不停地忙碌，因为他们认为，"如果我拥有这个或那个条件，那么我就会是出色的人"。但事实上，他们真实的自我——他们的缺点以及他们的长处——本身都有动人的一面。

　　你的受爱者会不断地以某种伪装或者化身出现在你面前。你可以确立这种观点，并且训练你看到受爱者的灵魂的能力。能否看到另一个人身上那种微妙的东西，也取决于你能否承认自己也拥有那种东西。后者是前者的必要条件。

学会放手

能否优雅地衰老，和你是否善于及时放手有关。它会使你有能力做到活在当下，并且更多地进入你的精神世界。该坚持的就坚持，该放手的就要放手。

不顾一切地非要坚持完成你并没有真正成就的事情，将会延缓你的灵修之旅。同样，试图牢牢守住你已经得到的东西，也会放缓你前进的脚步。

你应该怎样做？你要放弃妨碍提升自我层次的东西。你要放弃什么？不仅仅是物质的东西，还包括你的自我认同的方式，你如何看待自己的既定观念。例如，你应当放弃你觉得自己一无是处的想法。不要进行深入分析——只是放弃就可以了。不断放弃你的内疚，你的愤怒，你对你自己的情景剧的专注。那只是一个情景剧，一个肥皂剧。难道你不知道这种东西是怎么弄出来的吗？

你拥有此生，是因为你有特定的工作要做，其中涉及你必将陷入的痛苦和其他各种处境。这是你此生的课程。你所有的心理上的波折和现实的人生问题，都是你此生的一部分，你应当正确而从容地面对。作为神的一个伙伴，你应当充实而愉悦地生活，以爱和开放的心态接受属于你的一切。

接受身边的一切

你要将你对世界的看法扩展到能够接纳包含腐朽和衰败的恐怖之美。看看那种腐朽和衰败，你就会看到，它也有其特别的美感。我的好友劳拉·赫胥黎收集了很多漂亮的药罐，摆放在厨房水槽的上方。她会把甜菜根和橘子皮之类的东西放在装了水的罐子里，让它们慢慢地腐烂成在光线的照射下就会变得格外漂亮的结构和形状。这是一种腐烂艺术。在这种艺术当中，也有真正的美。

一切事物当中都有恐怖感和美感的痕迹。我看着我的手，它正在衰败。它同时呈现出优美和可怕的一面，而我正在与其共处。不妨看看你周围的世界以及你体内的衰败的美感，并且完全接受它的存在。

老化有某些未被赏识的优点。年龄的脆弱性本身会守护年龄的秘密。对许多人来说，你变得无关紧要，这使你有更多时间进行反思和回顾。弗朗西斯，一个住在疗养院的人，给我写信说："缺乏体力让我不爱活动，也经常沉默。他们说我老迈了。老迈可以让你自由地选择不再循规蹈矩。一些新的身体机能似乎正在发挥作用。我好像突然看到了一个更大的充满奇迹的世界，而我以前只是瞥见了冰山一角。我在一生当中，似乎第一次感受到身边有那么多不可思议的创造物，我开始意识到我们旋转的星球和头上的天空之美。进入老年，正在让我的意识变得更加敏锐。"

看到年老有助于提升一个人精神上的优势，是一件很有趣的事情。我曾经到缅甸静坐冥想。我会进入一个小房间并坐下来——没有书，没有电视，没有电脑，没有说话的人。我只是坐在那里自省。我会进入到一个我能够找到的尽可能安静的地方。我建议你也试着像我这样做。不妨仔细看看和思考一下，当你变老时会发生什么。你开始丧失听力，丧失视力，你不能够自如地四处走动，你的步速会慢下来——这是多么理想的冥想时间。

如果说有什么信息是明确无误的，那么上面的结论就在其列。然而，我们总是把年老视为一种错误或者是一种失败。

这种扭曲的观念，来自于我们是根据所作所为而非我们的本质进行定义的。然而，在所有的所作所为的背后，在所有角色的背后，你只是纯粹的意识、纯粹的直觉和纯粹的能量的综合体。当你完全活在当下时，你就不会受到时间和空间的束缚。

创巴仁波切①指出："通过普通的魔法，就能够唤醒我们的另一种生命。"奇迹总是发生在日常生活中。如果我们学会活在当下，就能够形成感知和欣赏日常生活奇迹的灵敏性。

有一段时间，我曾经住在一辆老旧的校车里，并且花大量时间与上了年岁的邻居在露营地共处。在人生的初期，这些邻居把重点放在规划未来方面。现在那个未来就在眼前，他们的意识却被过去所占据。我听到了过多充满感伤的遐想。当我思考这一点时，我想知道："当下究竟发生了什么？我们在应当品味香茗时发生了什么？当我们一起待在星空下这个美丽的地方时，我们的意识发生了什么？"

很多人的思维，都会固守那种通过经常性地重温过去而予以强化的身份。如果你的记忆永远停留在过去的所谓"高光"时刻而不能自拔，就会妨碍你品味当下的时刻——你鲜活的精神的发源地。如果不能活在当下，你就没有幸福可言。

现在并不是对于以后的准备。你只需要关注当前的感受。你应该给当下留出足够多的时间和空间，接纳你周围的一切，无论它是丑陋、美丽、无聊、困惑、死亡还是愤怒，是灵魂的黑夜还是精神的光辉。这就是你面临的现实。你可以从这些现

① 西藏禅修大师、学者和艺术家，将佛法传入西方的先驱者之一。

实中寻找到你的灵性。

拥有这一时刻就足够了。要想越来越充分地体味这一时刻，就要充分体会到精神的力量。一旦你感觉到与你的精神同在，与受爱者相处的滋味，你就无法忍受与其分离的可能性。完全活在当下，就如同通过一扇门而进入意识的另一个维度——进入灵魂的深处。

在《瓦尔登湖》当中，亨利·大卫·梭罗写道：

有时候……我坐在阳光下的门前，从日出一直坐到正午，坐在松树、山核桃树和黄栌树中间，在不被打扰的寂寞与宁静之中凝神静思。鸟雀时而在四周歌唱，时而悄无声息地飞过我的屋子，直到太阳照上我的西窗，或者远处公路上传来旅行者的车辆的辚辚声，提醒我时间的流逝。我在这样的季节中生长，好像玉米在夜间生长一样，这远远好过任何手上的工作。这个过程不是从我的生命中减去了时间，而是在通常的时间里增添甚至超产了许多时间。我明白了东方人的所谓冥想以及抛开工作的含义了。

他还在一封信中写道："在某种程度上——而且是在很多情况下——我也是一个瑜伽修行者。"

第五章

理性面对生死

衰老给我们提供了一个机会，那就是学习把生命中的阴影用作我们觉醒的手段——而且在所有影子当中，那个最长的影子就是死亡。你如何面对死亡，是老年时期的关键性的修行。你如何看待死亡，也能够反映出你在多大程度上认同那种会死亡的东西。自我会死，灵魂不灭。诗人勒内·玛利亚·里尔克①写道：

> 但是，一个既能够接受
>
> 死亡——他的整个儿的死亡
>
> （甚至是在生命尚未开始之前）

——————————

① 20世纪最有影响的奥地利诗人。他的诗歌充满孤独、痛苦情绪和悲观虚无思想，但艺术造诣很高，不仅展示了诗歌的音乐美和雕塑美，而且扩大了诗歌的艺术表现领域，对现代诗歌的发展产生了巨大影响。

而且能够温柔地把它放在自己的心口处
同时也不会拒绝继续活着的人
他的力量之大
是无法言传的

　　我鼓励你与死亡讲和，把它看成是那种被称为生命冒险之旅的最后的华章。死亡不是一个错误，不是一种失败。我的灵修导师埃穆尔说，它就像是脱掉一只有些挤脚的鞋。孔子说："朝闻道，夕死可矣。"

　　对于我们中的一些人来说，死亡的主题没有什么好避讳的，而对另外一些人来说，这是一个有点儿可怕或者会带来威胁感的主题。我早已意识到这两种情形的存在。但是对我们而言，在任何年纪，灵修的基本任务之一，就是找到一种面对死亡的途径。

　　一个古老的墓碑上刻着这样的字迹：

亲爱的朋友，
当你从我旁边经过时，请暂时停下脚步。
正如你现在活着一样，我也曾经活着。
就像我现在死去一样，你也将会死去。

你要为自己做好准备，以便与我同行。

不妨把这个墓志铭作为来自前世的一种祝福，让我们为自己做好准备。

我知道，谈论死亡会让我显得有些自以为是，就好像我自认为真的很了解它似的，但是我这个人不乏 chutzpah——它的梵文意思是"厚脸皮"。在过去五十年的意识之旅中，发生在我身上的某些事情，改变了我对死亡的态度。与死亡有关的大量恐惧感，已经远离了我的身心。

部分原因是我和我的导师的密切相处，以及他的人生态度对我的影响。他是从肉体之外看待生与死的，把生死视为无数轮回的一部分。

应对恐惧

并不是每个人都准备好与你谈论有关死亡的话题。我们必须尊重我们所有的个体差异。几年前，我的父亲要做一次小手术，就在前一天晚上，我到医院去看望他。毕竟，当你已经到了80岁时，没有任何手术是小手术。我们愉快地聊了大半天。最后，当我穿上夹克准备离开，并且就快走到门口时，父亲叫住了我。

"万一我有什么意外，有什么是我应该知道的吗?"他问道。

我回到他的床边，说:"我能够告诉你的就是，就像眼下一样，一切都会非常顺利。而且无论你走到哪里，我都会陪伴着你。"

父亲说:"好极了，这就是我想知道的。回头见。"

对我们许多人来说，每每产生的死亡的念头，想到我们或者我们所爱的某个人将要死亡的时刻，会妨碍我们活在当下。我们什么时候会死去?我们将会如何死去?我们死后会发生什么?我们所爱的人会发生什么?我们希望成就的所有的一切会怎样?对我们的生存现实的这些深层次的恐惧和焦虑，会使我们很难充分体验眼下的生活。

我们大多数人都相信，我们就是我们的自我而非灵魂，就是我们所认为的那个人。自我是我们的化身的一部分，它会随着肉身而死亡，这就是我们如此怕死的原因。死亡会让你不寒而栗，尤其是如果你将你的肉身视为你自己的时候。思考死亡，会迫使你面对你的更深层次的自我。人生的阴影，特别是死亡的阴影，是引领你走向光明的最伟大的教师。

对死亡的恐惧是一种预期恐惧。对死亡所能做出的唯一和真正的准备，就是过好每一刻的生活。当你生活在当前时刻时，你就不是生活在未来，也不是生活在过去。

> 不要延长过去，
>
> 不要邀请未来，
>
> 不要改变你天生的领悟力，
>
> 不要害怕你的外表的变化。
>
> 做到这些就足够了！
>
> 巴楚仁波切①

当你完全活在当下时，就不会有任何预期的恐惧和焦虑，因为你只是活在此时此地，不是活在未来。当我们栖息于我们的灵魂之中，死亡只是一本书的一个章节的结束。

应对痛苦

痛苦本身或者对于痛苦的恐惧，是在死亡过程中我们的自我所面临的主要困境之一。虽然灵修会带来很大帮助，但痛苦是一个旗鼓相当的对手。在这方面对我帮助最大的，就是认同

---

① 西藏宁玛派大圆满传承著名上师，也是利美运动（近代藏传佛教重要的精神复兴运动）的领导者之一。

灵魂层次的意识领域的存在，并且集中注意力默念祈祷性的箴言或者咒语。我们的本质并不是我们的身体，但是，当我们的身体感受到痛苦时，我们往往难以记得这一点。这就是我们在健康时有必要修行的一个原因，以便在不健康时能够继续停留在精神层面。

身体上的痛苦和精神上的痛苦，既是一种感觉，也是一种念头。在应对痛苦时，你会见证这些想法和感受。痛苦是在你的身体和你的大脑里。印度哲人瓦维·格拉毫不讳言他对痛苦本身的厌恶："痛苦这种东西恶心透了！"要想真正减轻你的精神和情感方面的痛苦，不论是你自己的痛苦还是其他人的痛苦，都取决于保持你的精神核心，从你的佛心的角度进行见证，而且不会认同那些痛苦的感觉、想法和情绪。从这个意义上说，痛苦是一种强大的自我开悟的动力。

另一方面，从精神的角度来看，痛苦是你的人生车轮的轮胎与地面接触的部位之一。

在传统西方医学中，通过与医生合作，经受身体痛苦的人们，能够为自己确定他们需要服用多少止痛药。事实证明，当人们知道能够控制他们的病痛时，他们需要的药物就会减少很多，因为痛苦实际上经常是由于对痛苦的恐惧而加剧的。

当你应对痛苦时，要给它空间，允许它的存在，还要知道一点：你对痛苦的意识与痛苦本身是分开的。以开放的心态面对痛苦，可以使它成为你所看到的现实的一部分，减少对它的抗拒，使你尽可能放松下来。要坦然面对它，承认它的存在，要让你的意识将其视为游离于灵魂之外的另一种感觉。

诗人和冥想教师斯蒂芬·莱文在他的《冥想、探索和治疗》一书中，谈到了如何将冥想作为消除痛苦的一种手段。他说：

> 应当考虑到这样的可能性：对于痛苦的抗拒以及痛苦可能引起的恐惧，可能比痛苦本身更令人痛苦。要注意到抗拒如何关闭你的心灵，使你的身体和思维被紧张和疾病所占据。要不断减少由于痛苦而产生的抗拒和紧张……面对痛苦，要让自己"软化"下来。

金妮是我在加州曾为其提供临终关怀服务的一个患者。当我第一次去看望她时，她感到怀疑，并且询问我能教给她什么。

她即将死于神经系统癌症，而且处于极度的痛苦中。她说她受够了这种半死不活的状态。我让她试着感受当下的每一刻，并引领她作了一个小小的训练。在她打开的窗户外面，我们可以听到孩子们在玩耍。我建议她将孩子们的声音纳入她的体内。过了一会儿，我建议她把房间里嘀嗒作响的钟声纳入她的体内。

她进入了状态，全面融入当下的分分秒秒。她感觉自己进入了灵魂，忘却了时间和空间的存在。这个过程在一个人的生命中很重要，在其濒死之际甚至更加重要。灵魂是独立于时间和空间之外的存在。

我和金妮成了挚友。她有过极度羸弱的时刻，以至于我只能坐在她的床边守候。她实际上是疼得直打滚，不断地摇晃着头，两只手摩擦着身体，脸上透出忍受着剧痛的表情。我坐在她旁边，针对那具退化的身体做冥想。这是针对人体衰减阶段的一个正规冥想。我坐在那里，敞开心灵，既未闭上眼睛，也没有让思绪转移到其他任何方面，我只是同她在一起，注意到她的痛苦，注意到眼前的一切。我让我的情绪自由流动，但并没有受到它们的控制。我只是看着宇宙规律在发挥作用。面对死亡，尤其是在对方是我们所爱的某个人的前提下，由于感情因素使然，要做到这一点其实并不容易。

我坐在那里看着痛苦的场景，渐渐地，我开始体验到一种深刻而宏大的宁静。房间变得明亮。在那一刻，尽管金妮因疼痛而扭动着身体，但她还是转向我，低声说："我的内心感觉很安宁。"在这种冥想环境中，她已经能够超越痛苦，并体验到深刻的宁静。我们已经创造出了一个我们可以共处的奇特的空间。在那一时刻，不管是她还是我，都不想置身于宇宙中的其他任何地方。一种至福的感觉在房间里弥漫。我所做的一切都没有因为她即将死亡或者处于痛苦中而受到任何影响。

什么会死亡

我们每个人都有自己需要做的工作，都有我们自身特定的业力困境。但是，最重要的是你从哪里做起——也就是说，你选择什么样的角度。你的出发点是来自于你的自我，你的角色，你的个性，还是来自于你的体内一个永恒的存在——你的佛心，你的灵魂？

你会被时间所限制吗？时间是一条从诞生流向死亡的河流，也就是你的一生。如果你停留在时间当中，你就会受苦，就会死亡。如果你把你的身份从那种会死亡的东西改变为你的灵魂，那么，你就会进入那个超越时间的意识领域，尽管它也包括时间这一层面。这样，你就是作为宇宙组成部分的一个灵魂，而灵魂是不会死亡的。

里尔克说："爱和死亡都是贵重的礼物，我们很多人都把它丢在一边而未开封。"

与你对于死亡的情感讲和，是快乐地生活在此时此刻的前提。你没有必要将死亡视为你享受生活的一个敌人。在你的意识中，将死亡保留为最大的谜团之一，以及令人难以置信的生命转变的瞬间，能够为那个时刻赋予额外的色彩和活力。

只要你能够直面死亡带来的恐惧，生命的意义就会发生变化。否则，你的恐惧就会始终扭曲你的感知系统，而且当任何人接近死亡时，你就会感到惊慌失措。那种恐慌是因为你认同了死亡的一般性概念。

意识之旅的本质，是你到达了生命中的一个平衡点，你能够坦然面对所有神秘的事物。当你被太多概念性的东西所束缚时，就不可能有开放的心态。在我自己的意识中，在再次体验到活在当下的感觉之前，我会观察一种期望未能实现所需要的时间。我需要知道，我放弃我想要得到的东西并接受目前的一切需要多久？

只要你认同你的身上会死亡的部分，你对死亡的恐惧就是不可避免的，因为那是对于生存过程终止的恐惧。通过我在 20 世纪 60 年代食用魔幻蘑菇的经验，我具有那种难以言传、超出身体之外的纯粹意识的深刻体验，我知道我的意识的这种本质是超越死亡的。那是在我和蒂姆·利瑞读到《西藏度亡经》不久之后。当同行即将死亡以及在死后几天里，喇嘛会为他们大声朗读这本书里的内容。这本书有数百年之久，但描述了与我食用那种蘑菇的相同的体验，让我完全回归到这些体验的普遍本质。

　　死亡、痛苦与折磨，这些问题，让我们为了解决这种人生奥秘而达到了思考力的极限。许多人依靠宗教而使他们在面对死亡时获得解脱。不过，宗教教义是作为思维结构一部分的信仰体系，而恐惧在一种信仰体系中是根深蒂固的部分，因为当你死去时，你的思维会死亡，因此你的信仰也会随之死亡。这样的信仰不会在一个寒冷的夜晚给你带来持久的温暖。

　　可能给你带来帮助的是另外一种信仰。那不是对于外部某种事物的信仰。这种信仰的含义，是指你坚信自己生活在绝对和伟大的奇迹中。

　　在我们西方文化中，虽然死亡已经不再是一个讳莫如深的话题，但还是很少被公开讨论或者体验。长期生活在印度，我看到了我们对于死亡的看法的差异，而且这种差异巨大。在印度，死亡是生活中一个熟悉的部分。死亡这一话题是生活中十分重要的主题之一，它让每一刻的重要性以及人们对于死亡的淡然变得更具内涵。

　　在印度，看到人们在街道上抬着一具尸体走向河边火葬场火化，并不是不寻常的事。当死者刚被抬着离开时，头部会对着死者的家的方向。在距火葬场有一半距离时，尸体会被调转过来，头部面对相反的方向，即朝向火葬场，这象征着开始进入精神家园。一路上，送葬的人们会不断念诵：Rām Nām Sathya Hai，Sathya Bol，Sathya Hai，它的基本意思是："拉姆的名字是真理。"

一天，正当马哈拉杰先生和一个多年的追随者走在路上时，他突然抬起头来说："我妈刚去世。"他的母亲是个老女人，也是一个虔诚的信徒。由于她住在一个遥远的城市，很显然，他是在另一个层面看到了她的死亡。然后，他接连笑了几次。他的追随者感到震惊，称马哈拉杰先生是一个"屠夫"，因为他居然对于这样一个纯净的女人的死亡而发笑。马哈拉杰先生转过身来，说："你想要我怎么做，表现得像是一个木偶？"

马哈拉杰先生经常对他的信徒谈到死亡，而且他的看法对我的态度有重大影响。他说过的一些话包括，"肉身会消亡。除了对上帝的爱，一切都是无常的"，以及"身体会死，但灵魂不灭"。他还说过，"一个人本应超然物外，但你总是会有忧愁，因为你始终有所牵挂"。

当伟大的南印度圣人罗摩纳因患癌症而生命垂危时，他的医生想给他治疗，但他拒绝了，说："这个身体已经用完了。"深爱着他的追随者们哭着说："Bhagawan（圣尊），你不要离开我们，不要离开我们。"他回答说："别傻了，我还能去哪里呢？"

《圣经》中关于死亡的思想，以及通向真理、智慧和精神的灵魂再生，是圣者眼中的死亡的本质。正如《薄伽梵歌》所说："我们的第一个出生地是自然世界；我们的第二个出生地是精神世界。"

当你摆脱了对于身体、个性和思维的僵化看法之后，你的意识空间就会变得开阔，从而接受死亡是生命的一部分而不是存在的终结。我深切地感受到了这一点。

人们问我，我是否相信人死后还有灵魂。我说我当然相信，这是毫无疑问的。这让我在科学界的不少朋友感到恼火。信念是你通过智力而坚持的某种东西，而对我来说，这已经超越了我的智力。《薄伽梵歌》也告诉我们："我们的肉身的灵魂在童年、青年和老年时期游荡，灵魂会飘荡到一个新的身体当中；圣人对此毫不怀疑。"正如克里希纳所说："因为我们都曾经存在于过去……我们也正存在于现在，我们也将存在于永恒的未来。"

在古时候的一个佛教国家，一支军队经过一个小镇，并杀害了许多无辜者。他们掏出僧侣的肠子，想要以此消灭当地的佛教。有一个特别凶残的指挥官，他来到这个小镇，对他的副官说："这个镇上的情况怎么样？"

副官回答说："所有的人都在向您跪拜。他们都畏惧您。寺院的所有和尚都逃进了山里，只有一个和尚除外。"

指挥官大怒，居然还有一个和尚待在那里。他走进寺院并推开门，那个和尚正站在庭院中间。指挥官走到他跟前，说："难道你不知道我是谁吗？我可以面不改色地用我的剑剖开你的肚子。"

"难道你不知道我是谁吗？"那个和尚说，"我可以面不改色地用你的剑剖开我自己的肚子。"

那个指挥官鞠躬致敬，随即离开了。

还有一个故事：一个禅师病危。按照传统，禅师们在临终前都应该留下作为遗言的诗句，但他迟迟没有动笔。他的门徒们感到担心，怕他在写出他的诗句之前就会死去。他们不断地问："您的诗呢？您的诗呢？"于是，他拿起毛笔写下了这样的诗句："地球如斯，死亡如斯。留诗与否，有何重要？"

然后，他就死了。

在 1960 年出版的《解读〈西藏度亡经〉》的前言中，戈文达喇嘛写道：

> 有一种说法是：一个没有死亡的人是没有资格谈论死亡的；因为很显然，既然没有谁能够死而复生，那么一个人如何知道死亡是什么，或者死后会发生什么呢？
>
> 那个藏人将会回答："没有任何人——实际上是没有任

何活着的人——是经历过死而复生的。实际上，在我们进入这个化身之前，我们都已经死过很多次了。而我们所说的出生，仅仅是死亡的反面。"就像是一面硬币两面当中的一面，或者像是一扇门，当我们从房间外面进入里面时，我们会称它是"入口"，而当我们从里面走到外面时，它就是"出口"。

更令人吃惊的是，并不是每个人都记得他（她）以前的死亡；而且因为这种记忆的缺失，绝大多数人都不相信以前有过死亡。但是，他们同样也不记得他们的出生，尽管他们并不怀疑他们最近一次的出生。

与生命垂危之人相处

我愿意陪伴生命垂危之人。我是为数不多的乐于和垂死者共处的人之一，因为我知道我的意识会进入到真理层面。我曾先后陪伴我的母亲以及后来的继母度过她们生命的最后一刻。我对那些体验深怀感激。

我的母亲是 1966 年 2 月初在波士顿的一家医院去世的。

当时，我坐在她的床边。我此前已经用了几年时间致力于了解我自己的意识。她在休息，而我在进行某种冥想，并且能够意识到亲属、医生和护士走进病房并且问："格特鲁德，你现在觉得怎样？"我听到了那个护士愉快的腔调。我意识到，我的母亲正在被谎话所包围。我看着人们走进房间，所有的亲属、医生和护士都在说她的气色看起来更好，她一切正常，然后他们就会走出房间并且说，她活不过这周了。我心想，一个人在经历生命中最重大的一次转变之际，却完全被欺骗所包围，那是多么怪异的事情。一个女人走了进来，说："医生刚刚告诉我说，有一种新的药物，我们觉得会管用。"

没有人能够对她开诚布公，因为每个人都那样害怕——所有的人，甚至包括那个拉比。[①] 我和母亲谈起了这一点。有一个时刻，当房间里没有其他人时，她转向我说："里奇？"我只是一直坐在那里——没有说话，什么都没有做，只是坐在那里。

她说："里奇，我想我要死了。"

我说："是啊，我也这么认为。"

想象一下，有个人刚刚确认她知道的事情，对她而言是什么感觉。她所见到的任何朋友、亲属、医生和护士，都不能够为她确认这一点。

她说："你觉得那会是什么感觉，里奇？"

---

① 犹太教负责执行教规、律法并主持宗教仪式的人。

我说："哦，当然，我不知道。但我会看着你，我能够看到你的身体在瓦解。那就像是一所房子在燃烧。可是你仍然会在那里，而且我想，当那座房子燃烧时，它会倒下的，而你依然存在。在我看来，你和我的沟通方式，实际上并不是由这个正在瓦解的身体定义的，因为你听起来就和你过去的声音一样。我的感觉就和我过去的感觉一样。然而，这个身体正在我们眼前瓦解。

"我想，我们可以永远彼此相爱，我完全相信爱可以超越死亡。"这对于我们而言，是一次非常感人的精神的连接。

后来，我曾经陪伴过患有癌症而且生命垂危的继母菲利斯。

菲利斯 69 岁，我的父亲比她年长 18 岁。当他们结婚时，是我负责把新娘交给新郎的。我们是无话不谈的好友。现在她处于弥留之际，而我的角色就是陪伴她，帮助她经历这个过程。我陪她一起去看医生，陪她去拿化验报告，陪她应对所有的情绪问题。菲利斯是一个坚强的新英格兰州女人，一个聪明、理性、擅长打桥牌的女人。她喜欢争论而且有些任性——是那种丝毫不令人反感的任性。她具有一种坚定而沉着的生活方式，而且以同样的方式对待她的死亡。我的角色并不是要对她说："嗨，菲利斯，你对这件事应该想开点儿。"那并不是我的道义的权利。我的任务只是去那里陪伴着她。所以我有时会躺在床上，彼此握住对方的手，我们只是谈话。我们会谈论死亡，以及我们认为死亡可能是怎样的情形，但她当时仍然很坚强。

癌症的疼痛是非常剧烈的，随着时间的推移，它终于磨损了她的意志。大概是在她去世前的四五天，她终于放弃了抵抗。

在我们的文化中，放弃被认为是一种失败。人人都会说你要继续尝试，继续尝试。其结果是，我们有时候会用一种虚假的希望将垂死的人重重围裹，而这种虚假的希望正是来自于我们自己的恐惧。

与菲利斯在一起时，我完全可以开诚布公，而她可以问任何她想知道的东西。我没有说："现在，让我告诉你有关死亡的事情。"因为她并不会接受这一点。但另一方面，她的确放弃了抵抗。在她选择屈服的那一刻，就像看着一只鸡蛋孵化一样，一个新的"存在物"出现了，它是那样美丽、轻快而欢乐。它使得她在某种深刻的直觉层面知道了自己的另一面，那也是她在整个成年时期从未了解的另一面。她对这个存在物敞开心扉，而且我们共同沐浴在它带来的光芒中。在那一刻，她进入了意识的另一个层次。当我们一起谈话时，那种痛苦和濒死过程仅仅成为现象。她不再忙于死亡；她只是一种存在，而死亡正在发生。

只是为了结束这一叙述，为了告诉你这种转变是多么非凡，我记得就在最后一刻，她突然对我说："理查德，请扶我坐起来。"

于是我扶她坐起来。我把她的腿放在床沿上，她的身体开始向下耷拉。我把手放在她的胸前，她的身体向后倒去。我又把另一只手放在她的背上，而她的头开始低垂下去。于是我的头挨住她的头。我们只是一起坐在那里。她呼吸了三次——缓慢而深沉的呼吸——然后她就离开了。

如果你读了古代藏人文本，你会读到，当有意识的喇嘛离开自己的身体时，他们会坐起来，呼吸三次，然后离开。

菲利斯是谁？她怎么知道这一点？那是怎么一回事？这些都是我们生活中的奥秘。

我的好友黛博拉在纽约西奈山医院生命垂危。她是纽约禅中心的成员，每天晚上，她在禅中心的朋友都会到她的病房做冥想。进入这个病房的医生，总是惊讶地发现房间被蜡烛照亮，充满了焚香的气息和冥想的人们深深的平静。

在这个繁忙的大城市医院里，这些静坐冥想的人重新定义了死亡的本质。你可以在任何地方创建你的宇宙。医院仅仅是一些人分享关于死亡的某种含义的地方。随着时间的推移，每个夜晚，她的医生都会更加平静地走进这个房间。他们完全受到了这种气氛的感染。

治疗身体的疾病并不总是一个选项，尤其是面对那种无药可医的绝症，但从灵魂层面得到痊愈总是可能的。面对那些正在死去的人，我用我的心灵为对方提供了一个当他们需要死去时就能够死在那种宽敞而宁静的环境中的机会。我无权定义他们应该如何死去，我只能在那里帮助他们实现他们生命的过渡。我的角色只是床边的一个充满挚爱的陪伴者。

当威维·格雷①——"养猪场社区"的那个小丑王子——跟孩子们谈到死亡时，他让他们就像脱掉一套旧衣服那样摆脱自己的身体，并且等待那束将你带到你的朋友——神——那里的光芒降临。

协助他人应对濒死过程，就像是以一个助产士的身份完成死亡这个伟大的成年礼仪式。就如助产士为帮助一个生命开始第一次呼吸一样，你也可以帮助一个生命完成最后的呼吸。要想充分做到这一点，需要你具有深切的爱心和慈悲之情。在这种情况下，慈悲意味着你们两个人的心灵融为一体——就像是右手握住左手一样。

在《冥想、探索和治疗》一书中，斯蒂芬·莱文写道：

---

① 美国娱乐艺人和倡导关爱与和平的社会活动家，以其嬉皮士外表、个性和反文化的信仰著称。他创办了包括"养猪场社区"在内的多家社会活动者机构。

死亡是我们似乎都会陷入的一种幻觉……死亡，就像是能够吸引心灵关注的任何事物一样，能够让我们展示出最好的一面。我们已经见到过许多人在接近与死亡有关的混乱局面时，如何超越了那种气馁和惊恐，坦然接受了整个过程……他们不再是某个独立的人，某个"意识到自己即将死亡的人"。他们只是空间内部的空间，光芒内部的光芒。

在一个濒死者身上，你只需要注意那种永恒的东西。然后，你们就能够作为两个灵魂而进行沟通。

当你接触到濒死的人时，你要与他们在一起。你需要做的，就是让对方感受到你的存在。要开诚布公。要静坐冥想，并且要意识到对方的痛苦和迷惑的存在，让对方知道你在陪伴他们，从而让他们放松和安静下来。我们的忍耐力都有极限。当某个人濒临死亡时，要尽可能保持头脑清醒。要坦然面对意料之外的情况。要保持开放心态，并集中注意力。如果你能够集中注意力，你的平静的陪伴就有助于让你周围的所有人放松下来。要进入你的智慧在你体内的栖居之处。智慧当中有慈悲。慈悲会理解生与死。关于死亡的答案，就存在于那一刻。要了解死亡，就要了解如何活着。而你做到这一点的方法，就是要生活在每一刻——当前的分分秒秒——生活在当下。

在灵魂离开的那一刻，身体能够感觉到并且做出相应的反应。与一个濒死的人分享意识和感受，陪伴并帮助他们有意识地优雅地死去，是临终关怀最精致的表现形式之一。这也是你可能需要尝试的一个角色。

有意识的死亡

我们不妨把死亡——生命最后的时刻——看成是一种仪式。

当你正在经历这个仪式时，如果人们坐在你旁边为你提供帮助，你也要帮助他们看到你的灵魂，而不是仅仅看到你的表面的自我。如果他们把你认同为你的自我，在这个仪式的最后阶段，他们就会妨碍你顺利地完成这个转变阶段。

前面提到的萨达那修行，要么是一种特定的修行，要么是你的整个精神转化过程，它意味着你要从作为一个自我的存在物开始，发展到你成为一个灵魂，你的真正的自我。自我会被认同为化身，它会停止于死亡时刻。另一方面，你的灵魂已经经历了许多次死亡。如果你充分完成了你的萨达那，那么你将没有对死亡的恐惧，而死亡只是另一个特殊的时刻。

如果你要有意识地死去，那么最好的准备时间就是在当下。

下面的这个简单的清单，列出了你在接近于死亡时可以采取的一些方式：

自觉而充分地生活。学会认同并存在于你的灵魂而非你的自我当中。

让你的内心充满爱。将你的心灵向上帝、上师和真理敞开。

坚持各种形式的灵修：冥想，唱诵……

当你的父母、所爱的人或者所爱的动物即将死去时，要守候在其身边。要知道，当你变得安静，并且让他们进入到你的意识当中时，你所爱的人将会永远存在。

阅读像罗摩纳等伟大的圣人、喇嘛和瑜伽大师的圆寂的故事。

如果在死亡的时刻有疼痛的遭遇，尽可能保持有意识的状态。止痛药固然会提供某种缓解，但也会钝化你的意识。

为了在死亡之时保持平和，今天就要从内心深处寻找平和。死亡是另一个时刻。如果你今天没有平和，明天可能就不会有平和。

相对于逐渐死亡的过程而言，猝死，在许多方面是通过精神途径更难处理的一种情况。如果我们知道死亡可能随时发生，我们自身就会做好更充分的准备，开始时刻关注头脑中涌现出的任何想法和感受。假如你正在学习如何活在当下，那就充分体验你的生命的每一刻；如果你感觉自己能够生活在那个神秘的空间，那么死亡的时刻就是另一个时刻。让我告诉你一个与之相关的故事：

> 一个和尚正在被一只老虎追逐。他飞快地逃跑，但老虎与他的距离越来越近。他的前面是悬崖，一条藤蔓垂在悬崖边缘。他抓住藤蔓，开始顺着崖壁向下攀爬，当他下到一半距离时，发现下面有另一只老虎正在走来走去地觅食。上面有一只老虎，下面也有一只老虎，他抱住藤蔓吊在那里。这时他注意到有两只小老鼠爬上来，开始啃咬给他提供支撑的那条藤蔓。在这个绝望的时刻，他看到就在他眼前的崖壁上，生长着一丛成熟的红彤彤的野草莓。他摘下它们并吃起来——啊，那是多么甜美的味道！

在西藏，当上师在人们临终时给予指导时，他们会说："当土元素离开时，你的身体会感到沉重。当水元素离开时，你会感到干涸。当火元素离开时，你可能会全身发冷。当空气元素离开时，你的呼气会比你的吸气更长久。种种迹象都在这里。不要迷失在细节中。让你的意识自由存在。"设想一下另外的情形："哦，我口渴"或者是"她口渴，给她水"，这是对濒死者失去水元素的一种确认。

我们对于从一个层面到达另一个层面的概念，就像是踏上一只梯子的横档，或者至少像我们前面说过的，相当于是调到电视的另一个频道。当你离开身体层面时，你必须及时放手。当我指导人们完成那种迷幻之旅时，他们的表现有时很糟糕，因为当他们的意识扩张并且即将面对永恒时，他们不能洒脱地放手。此时，你必须放弃你的个性、你的名字、你的历史、你的朋友、你的猫还有你的身体。

这种放手的过程，就是进入永恒的开始。

　　知常容，容乃公，公乃王，王乃天，天乃道，道乃久，殁身不殆。

老子《道德经》

当你为了应对死亡而需要做任何事情时，你就应该在一分钟前做这件事。现在就着手去做，并且做好准备。每一刻都是你将要死亡的时刻。每一次呼吸都是第一个呼吸，也是最后一个呼吸。一个有知觉力的存在物，不会受到任何外物的束缚。

悲 痛

我经常和失去亲人并且感到悲痛的家庭成员紧密沟通。他们因为自己在宇宙中、在家中感到的安全、被爱和安宁的丧失而悲痛。当某个亲密的人死亡时，那种安全感就会被颠覆。我鼓励人们直面他们的感受——他们内心的悲痛。

我们的西方文化说："你最好克服它。这样你就可以重新生活了。"可是，我们对我们的亲人的感情很深，因此在很长一段时期内，我们的悲痛之情都很难减弱。你要容许作为人类的痛苦的存在。时间可以让伤口愈合。在这个治疗阶段，要用爱将自己包围和绝缘。

你会感到忧伤，并且产生各种情绪反应。接着，有一个时刻会随之而来，那就是突然之间，你会意识到你与他人共享的那种爱还在这里。或许你将欣赏一次日落，或者只是平静地坐在那里。在那一刻，你将不再把那个人视为一种独立的存在物，而是使之融入你的灵魂……你的爱。

当你和另一个人一起进入爱当中时，你就会进入一个超越死亡的时刻。你会感受到你所爱的每一个人带给你的充实感，而不是被他们外在形式的丧失所伤害。你会意识到，他们继续活在你的心里。你所爱过的每一个人，都是你的存在结构的一部分，而这正是悲伤被转化成一个充满爱的空间，一种对于痛苦的精神超越的关键所在。

爱会超越死亡。尽管如此，真正具有那种智慧不同于从表面上了解它。死亡只是一个时刻，一个过渡时刻。你需要知道，你的本质是你的灵魂，你已经历过你自己的许多次死亡——经过许多不同的变身。那些让你感到悲痛的人，也是经历过多次死亡和出生的灵魂。

如果你认同你自己的灵魂，你将能够与其他灵魂沟通，即便他们是在不同的层面上。我仍在和我的上师沟通，虽然他在1973 年就去世了。在他去世后，他的踪迹无处不在。

11 岁的蕾切尔和她的小伙伴去附近的一个犹太社区活动中心打网球，结果不幸被人奸杀。

那天晚上，我接到了一个朋友的电话，对方告诉我说，死者的父母读过我的书，听过我的讲座磁带。这个时候，我可以对他们说些什么吗？我意识到，我不能等到明天再做这件事。必须现在就做，因为这件事带来的痛苦是如此巨大。所以，我给他们写了这封信，我也愿意在此与你分享：

亲爱的史蒂夫和阿妮塔：

蕾切尔完成了她在地球上的工作，并且离开了这个阶段，但却在我们心里留下了那么多痛苦，让我们脆弱的信仰受到如此沉重的打击。

是否会有人坚强到可以冷静地听完你们正在得到的这种慰藉呢？很少，而且即便是他们，也只会在愤怒、悲伤、恐惧和凄凉的感受中拥有最短暂的平静和坦然。

实际上，我不能用任何言语安抚你们的痛苦，我也不应当那样做，因为你们的痛苦是蕾切尔留给你们的遗产的一部分。这并不是说她选择性地造成了这样的痛苦，但它就在那里，而且必须通过净化的方式予以完结。因为当你们忍受那种不可忍受的东西时，你们体内的某种东西就会死去，而且只有在那灵魂的黑夜里，你们才能够做好准备，去看到神所看到的东西，去爱神所爱的一切。

现在是时候让你们的悲伤找到表达的途径了。不要使用任何虚假的力量。现在是时候安静地坐下来，与蕾切尔说说话，感谢她这些年与你们共度的时光，鼓励她继续完成她的工作，而且你们要知道，你们的慈悲和智慧，将随着这一经历而增长。

在我的内心深处，我知道你们将会和她一次又一次见面，并察觉到你们将会彼此熟知的许多沟通方式。当你们相见时，你们将会在那一瞬间知道，现实的一切，并不如想象中那样令人无法接受。

我们的理性思维永远不能够明白发生了什么事，但是我们的心灵——如果我们可以让它向神敞开——将会找到属于自己的直观的方式。

蕾切尔来到你们中间，并完成她需要在地球上做的工作，其中包括她的死亡方式。现在，她的灵魂是自由的，你们可以跟她分享的那种爱，将不因时间而改变，它将在浩瀚的宇宙中永远存在。

爱你们的　拉姆·达斯

死亡是充实生活的一种提醒物

在东方传统中，在生命最后时刻的那种意识状态，被认为是极为重要的，以至于你要花一辈子时间为它做准备。

圣雄甘地，那个伟大的印度领导者，走进一个花园准备举行一次记者招待会，并在此期间被人暗杀。当他倒下时，他只说了一个字眼："拉姆!"——那个神灵的名字。

美赫巴巴说："那个神圣的受爱者总是在你的体内，在你的身边，与你同在。你要知道，你和他并不是分开的。"

我没有形式，没有限制

我超越空间，超越时间

我在万物之中，万物在我之中

我是宇宙的至福

我是万物

斯瓦米·穆卡塔纳达诗集《我与万物》

奥尔德斯·赫胥黎在他的小说《岛国》中生动地写道："所以，亲爱的，你现在可以放手了……放手吧……放掉这个可怜而衰老的躯体。你不再需要它了。让它离开你吧。让它像一堆旧衣服那样躺在那里……走吧，我亲爱的，走向光明，走向宁静，走向充满活力的清光之境。"

与死亡讲和并且完全活在当下，会使你沉浸在爱当中——沉浸在对神的敬畏当中，沉浸在对你自己和其他一切的慈悲当中，让悲伤、痛苦和喜悦一并陪伴着你。在那个永恒的当前时刻，你不再受到时间的束缚。哪怕那个当前时刻是死亡，它同样具有永恒的含义。当你活在那种开放的境界时，一切皆有可能。在死亡的时刻，你选择的是放弃，并且躺在上帝的怀抱中。如果我们很容易放手，我们就能够进入光明，沐浴至福，接近上帝。这是一种什么样的恩典！

生即是死。还有什么比你过好当前的生活能够更好地应对死亡？这种"游戏"就是要找到属于你的地方——尽可能诚实、自觉和充分地生活。不管这个世界发生什么变化，我每天仍会遵循马哈拉杰先生的教诲——爱每一个人，服务于每个人，并且牢记神——爱，服务，牢记。

有那么一刻，你会真正想要清理你的行为。你开始寻找净化的火种。这时候，它会变得非常有趣，因为你是突然在寻找那些会让你很不自在的场合。你需要深入打量你在你的化身当中扮演的角色——你对于父母、子女、国家、宗教、朋友和你自己的责任，并且使之与更深层次的自我变得和谐一致。

作为你与自己的关系的一部分，你要承担起照顾好你的身体以及去做那种会有助于健康之事的责任。身体是灵魂的殿堂，是你的精神的庙宇。它使你留在这个化身当中，并成为一个有意识的存在物的工具——你和神合而为一的工具。尊敬它。照顾它。如果我没有充分照顾好我的身体，我就不能够保持完全清醒，如果我慢待我的身体，我就会付出巨大的代价。

当你让思维平静时，你会开始看到你的存在的不同部分，以及哪些部分失去了和谐。例如，你有时候可以感觉到，你的身体正在把你往下拉。它要么正在耗尽你的能量，要么是肌肉需要锻炼或者放松。记住，你的身体是你的精神的庙宇，你要为它工作，要去做那种释放或者平衡能量的事情。哈达瑜伽，也即能量的瑜伽，可以用作接触你的灵魂的一个途径。你通过这种瑜伽而形成一种体位，就是在与神对话。另外，要留意输入到你体内的东西。人体是神的一种表现形式，要尊重它。

灵修的重要一部分，就是能够放松下来，让我们的思维与心灵和谐一致。在《薄伽梵歌》当中，克里希纳告诉阿朱那："把你的思维和心灵交给我，然后你就会来找我。"这就好像是在说："你要永远想着我，永远爱我，这样我就会引导你的心灵和你的行动"。如果你像我那样追随上师及其恩典，这样的结论同样适用于你——要让你的爱和虔诚引导你的心灵。

活在当下是一种体验。当你活在当下时，时间就会减慢。在这一刻，你拥有世界上所有的时间。但是要记住，一刻也不要浪费。真正的你能够超越时间。当你真正活在这一刻时，就可以拥有你能够拥有的全部。还是那句话，死亡只是另一个时刻，与其他普通的时刻并无太多不同。

第六章

从苦难到恩典

有些时候，我们每个人都不得不忍受那种必须忍受的东西。它可能是我们自己的、与我们关系亲密或是其他众生身体上的痛苦、疾病或是情感的痛苦。

你能够在没有摆脱苦难的前提下，仍然敞开你的心灵吗？用你的思维去保护你的心灵，去对抗那种苦难带来的不适，似乎是一种本能的反应。但是接下来，你将不再对你自己和他人怀有慈悲。

当我们面对存在于这个世界上数不清的苦难时，我们大多数人都会给自己的心灵装上一层铠甲。当我们刚刚吃完一顿丰盛的早餐时，我们会一边看着所有正在挨饿的人，一边转身离开。我们感觉自己不能够为此做些什么，也不忍看到那种苦难的场景。给心灵装上铠甲，是将心灵打开的反面。你知道爱另一个人的感觉；你知道那种爱如何为你提供滋养。爱是我们彼此滋养的方式，当你经历巨大的痛苦时，你就会防范性地将心灵封闭起来。你的心灵可能会感觉受到保护，因此不大容易受到伤害，可是在这个过程中，它也会变冷、变硬。给心灵装上铠甲，会切断与存在于宇宙间并为我们提供精神滋养的能量的交流。

我们都害怕痛苦。人们发现这个世界很可怖，因为他们被周围的痛苦、他们自己的痛苦以及他人的痛苦弄得不堪重负。

在美国任何主要城市，都有无家可归的人露宿街头。在印度遇到这种情况则是另一回事；在加尔各答，似乎有一半人口生活在街头上。但在富裕的美国，有些人生活得这么幸福，有些人却生活得那样糟糕，这是怪异的事情。我们本来应该能够齐心协力，为每一个人至少提供吃穿住行这些基本的生存条件。难道我们对其他人的苦难关闭了自己的心灵，因此就要选择转身离开吗？

我处理我身边大量痛苦的现象，采取的方式是拓展不止一个意识层面和使用自我见证的方式。当我能够到达一个意识的有利地位，看到一片叶子、一滴水或是恒星和行星时，我就能够看到各种现象之间复杂的相互关系，我能够在我探索的每一个领域——物理学、天文学、音乐、遗传学、数学、化学——当中发现普遍规律。从统一性角度来看，我不禁对那种恢宏壮丽的运转过程充满了敬畏。我也意识到，苦难是这个运转过程的一部分。

为什么会有苦难

当释迦牟尼在那棵菩提树下开悟之后，他对他的新弟子阐述了后来被称为"四圣谛"①的东西。第一圣谛说，所有的存在都是以苦难为特征的。分娩有其痛苦，死亡有其痛苦，年老有其痛苦，疾病有其痛苦；没有得到你想得到的东西有其痛苦；得到你不想要的东西有其痛苦；甚至得到你的确想要得到或者没有得到你不想要的东西也包含痛苦，因为二者都有时间性。

有时间限制的任何事物，都是暂时的和无常的。耶稣说："不要在地上为自己积攒财宝，地上有虫子咬，财宝也会被锈蚀，也会被贼挖窟窿窃取。"只要你陷入了时间的框架，就会有痛苦。第二和第三圣谛涉及的是痛苦的根源，这就是思维的执迷——诱惑和厌恶——以及自我错觉。第四圣谛展示了摆脱痛苦的八条途径。

---

① 又称"四谛"，是释迦牟尼体悟的苦、集、灭、道四条人生真理，四谛告诉人们人生的本质是苦，以及之所以苦的原因、消除苦的方法和达到涅槃的最终目的。

恩典之路

我非常尊敬释迦牟尼，而且深入研究了佛教，做过很多佛教的禅修。但是，我自己的灵修之路是通过我的上师马哈拉杰先生而进行的。上师会反映出我们最深切的自我。实际上，当我们的知觉力达到足够高的层次时，我们就会知道，上师本身是我们最深切的自我，这也是我们擦亮自我的镜子时能够看到的那个自我。

我和马哈拉杰先生的关系，是我的信仰之一。这种信仰使我能够看到他的恩典赋予我的一切。记住一切都是他的恩典，这本身就是恩典，但有时它来得并不容易。

1997 年 2 月 19 日，我遭受了一次严重的出血性中风。我当时一直在写一本关于老龄化的书，就在我躺在床上，尝试想象变老、生病和受苦是怎样的情形时，我有了一次严重的中风。

当时电话响了。我想要下床去接听，接着，我掉到了地板上。我身体的一侧瘫痪了。我竭力够到电话并拿起听筒，但我无法说话。我从墨西哥打来电话的那个朋友意识到情况不对，就告诉我如果我需要帮助，就敲打几下电话机，我照做了。

在几分钟之内，我的秘书马琳和乔安妮赶来了，医护人员也很快赶到了。我记得我被一副担架抬进了医院。在最初的几天，没有人知道我是否会活下来。我中风的消息迅速传开——甚至传到了印度。在全国各地祷告的人们，都在向我发送治疗的能量。我身边的人，医生和护士，还有我的亲友，都一个个面色严峻。他们不停地说："哦，你这个可怜的家伙，你中风了哦！"

当我吸收他们的想法时，就像其他中风患者一样，我开始觉得我是一个可怜的家伙。他们把中风作为一种医疗灾难而投射到我身上。它几乎来自于每个人——除了那个清洁女工。每当她走进我的房间，她都完全与我同在。她懂得我的感受。

在我中风之前，我觉得我过着一种处处享受恩典的生活，因为我在我的上师这把保护伞的护佑之下。中风粉碎了我对这种保护的信念。我感觉我远离了恩典。我失去了信心，并在一段时间内感觉很消沉。我会看着挂在医院墙壁上的我的上师的照片说："我这次中风时你在哪里？你是出去吃午饭了吗？"在最初两个月，我几乎完全不能自理，而且饱受痛苦——包括身体上的和心理上的。我坐在病床上，尝试弄清楚发生的这一切是怎么回事。一方面，我得了中风；另一方面，我拥有过马哈拉杰先生的恩典。既然有他的恩典，怎么还会中风呢？

慢慢地，事情开始转变。我开始以不同的方式思考这次中风。这次中风有可能是某种恩典吗？某种可怕的恩典？它肯定对我的自我没有帮助，但它有可能有利于我的灵魂吗？中风的后果包括失语、麻痹并且依赖他人。在竭力地再次感受恩典的同时，我试图找出那种恩典有可能隐藏在哪里。

归根到底，这仍然是马哈拉杰先生采取的方式。我想弄清楚马哈拉杰先生的恩典如何体现在这次中风上，这次发病会如何帮助我接近神。

我最初是明显失语，完全不能开口说话。重新学习说话很难。每个词语说出来都很缓慢。我不得不学会处理沉默，它迫使我的思维保持安静。

我必须超越理智，进入我的直觉和沉默的心灵中。当我越来越沉浸在心灵当中时，我发现孤独感在那里消失了，知识在那里让位于智慧。大约在我中风一年半以后，我再次开始向公众演讲。对你的语言治疗而言，有五百多个人等待你开口说话，是一种很好的激励。

当我在中风之前开讲时，在观众当中，总会有一两个人被其配偶或者朋友强行拉来听我讲话。你很容易把他们从人群中找出来；他们会抱着胳膊坐在那里，脸上带着长时间受苦的表情。

过去，我会努力帮助他们打开心灵。现在，我的轮椅打开了他们的心灵。而且由于这个轮椅，不管我去哪里，我总可以确保有一个座位。

中风让我知道了什么是依赖。我从一辆跑车的驾驶员位置降格到乘客的位置。现在我是停留在一个需要别人帮助的身体里。作为乘客，我可以欣赏路边的树木和天空的云彩，这是我在不得不关注交通时所无法实现的。

我曾写过一本书叫做《我怎样才能帮助他人?》（与保罗·戈尔曼合著）；现在我需要写一本书，叫做《你怎样才能帮助我?》。自从中风以来，其他人的同情让我深感卑微。我很幸运，有这么多好人在照顾我。现在，他们在照顾我的身体，而且我们一起照顾彼此的灵魂。

改变你的角度

我已经注意到，我们的生命有三个制高点或者意识层面。第一个是自我，即个性的层面。第二个是我们每一个人的灵魂，其中一部分是我们前面说过的见证意识。第三个是我们的神秘部分。贵格会教徒称它为体内微小的声音或者是内部的光芒。印度教徒称它为阿特曼。我们也可以把它视为统一体。

我们每个人都有这三个频道。它们同时都在这里，但是，你如何体验现实，取决于你的意识被调谐到哪一个频道上。当你深陷于有直觉力的自我时，你是在灵魂层面上。如果你跟随这种意识并深入其中，你就会体验到神意识，体验到阿特曼。你和我都有这种同样的意识。

这些天来，我把自己看成是一个使用了一个遭受中风的身体化身的灵魂。因此，尽管我认为我是一个中风患者，但那种痛苦把我推到了能够见证或者观察那个化身的灵魂当中。相比患上中风，观察中风的痛苦要小得多。

我的整个身体的多个部位都感到痛苦。我会把它们列出来，以便提供给医生。不过，我并不认同它们。我会认同我作为痛苦的一个见证者这一事实。身体的疼痛是在体内，而我的本质不是我的身体。我的身体在外部，而我的本质在内部。疼痛是身体的一部分。现在，如果我们谈论心理的痛苦，那是来自于我的自我而非灵魂，它也是在外部。我会记住我的本质是我的意识，我的灵魂。我在内部，而且我与痛苦同在。

这是中风证明其有益性的另一种方式：它把我推到我的灵魂当中。它没有让我陷入我那有缺陷的化身当中，而是给了我一个推力，将我送入到我的灵魂当中。

它是痛苦还是恩典

回顾一下《罗摩衍那》当中的那个故事：罗波那——那个魔王——绑架了大地之母悉达，也即嫁给了神灵拉姆的那个灵魂。他把她带到他在斯里兰卡岛上的老巢当中。当猴子和熊组成的军队赶到印度海岸寻找悉达时，熊王阁波梵提醒哈努曼说，他拥有神力。然后，哈努曼完成了他那伟大的跳跃，飞过海洋去寻找悉达。

就在我绞尽脑汁地接受这次中风的现实之际，我得到了在印度的一个挚友发来的讯息。正如哈努曼需要别人提醒他拥有他的力量一样，我的印度朋友 K. K. 撒赫感觉到他应该提醒我：我拥有我的信念的力量。K. K. 撒赫所写的简单的话语，正是马哈拉杰先生对他说过的有关我的话："我会为他做点儿事。"这一回顾足以让我再度想起我的信仰。我的灵魂再次被马哈拉杰先生的爱所包围。

负责维护马哈拉杰先生在印度的隐修所的上师西提玛，看过了美国导演米奇·莱姆利制作的讲述我和这次中风的故事、名为《非凡的恩典》的纪录片。在纪录片当中，影片叙述者试图把这次中风看成是马哈拉杰先生的恩典。她写信告诉我说，马哈拉杰先生绝不会把中风"送给"我。我终于明白,中风是我自己的业力的自然结果。马哈拉杰先生的恩典,在于帮助我对付中风产生的后果。毫无疑问,能够处理中风带来的痛苦,改变了我的生活。

我当然不希望任何人中风,但我的中风有其积极的一面。虽然我一度失去过信心,不过随着时间的推移,它也得到了锻炼和深化。虽然我曾深陷痛苦,但最终还是找到了我的信念所在:这次中风是我的觉醒的一部分。这就是那种恩典。

与苦难所具有的好处以及痛苦共存,使我愿意正视苦难这件事本身,而不是一味地排斥它,因为我的体内具有那种平衡。我是苦难的组成部分,其中就包括痛苦。

当我的继母菲利斯生命垂危之际,她所忍受的痛苦迫使她在去世前几天放弃了无谓的挣扎,并导致了她的精神觉醒。作为一个拥有情感的心脏的人,我面对着这样的悖论:我一方面想减轻痛苦,但与此同时,我的另一部分存在意识到,有时候,在苦难中也有恩典。从灵性的角度来看,痛苦有时是使人们觉醒的良药。一旦你在精神上开始觉醒,就会重新感觉你自己的痛苦,并把它作为进一步觉醒的一种工具而与之配合。

当你受苦时,苦难的云翳似乎笼罩住你的整个世界。考虑一下一个云彩的画框。如果这张画的边缘被裁剪得过多,你就只能看到灰色的云彩。如果将这张画裁剪出一个较宽的边缘，你会看到云彩周围蓝色的天空。这就是恩典。

信　念

整个游戏都是以信仰为基础的。信仰来自恩典。在《圣经》中，使徒保罗说，"上帝的恩典让你拥有获得救赎的信仰——这并不是源于你自己，它是上帝的恩赐——也不是源于你的行为，所以你绝不能为此而自夸。"

当信仰足够强大时，我们的意志力就能够站稳脚跟。没有信仰，我们有关存在的恐惧和不确定性就会占据上风。如果你拥有信仰，你就没有恐惧。如果你没有信仰，你就会感到恐惧。

当我在中风后质疑我自己的信仰时，我开始问："信仰是什么？"我发现，我信仰的是万物合一——我信仰的不是作为个体的马哈拉杰先生，而是他作为通向那种统一性的门径，信仰的是马哈拉杰先生所具有的那种统一性。万物合一是一种存在状态。还是那句话，这种状态就是伟大的南印度圣人罗摩纳所说的"神、上师和自我系出一体"。马哈拉杰先生只是举起一根手指，说："一切都是合一的。"

信仰是万物合一在你自己的灵魂镜子中的反射物。信仰是你连接到统一性的普遍真理的方式。信仰与爱是紧密交织在一起的。正如《罗摩衍那》所说的那样，没有虔诚，就没有信仰；没有信仰，就没有奉献。

信仰并不是一种一般意义上的信念。信念存在于人的脑子里。信仰存在于人的心里。信仰来自你的内心。要想培养和巩固你的信仰，你就要敞开你的佛心，平息你的思维，直至你感觉到更深层次的自我。

当你的思维平静下来时，你就能够直面更深层次的自我。平和、快乐、慈悲、智慧和爱，是那种自我的特征。

一切都很完美

当我与马哈拉杰先生共处时，我开始相信，像他这样的人是住在山的更高处，并因此可以比你看得更远。从更高处看到的景色是完美的——不是达到了某种审美效果的完美，而是事物本身所蕴藏的那种完美。马哈拉杰先生不断地用各种方式告诉我说："拉姆·达斯，你难道没有看到它是那样完美吗？"值得一提的是，马哈拉杰先生是为了众生的福祉，才在那里度过了他的一生，旨在帮助他们过上更好的生活，为他们提供食物，而且只是爱他们，对他们毫无憎恶之心。

生活的艺术是敞开心灵，正视现实，但与此同时，也要带着敬畏之心接受神秘性以及不堪忍受的痛苦——你只需要与这一切同在。在过去的四十年里，我已经逐渐领悟到那个美妙的箴言的含义："活在当下。"活在此时此刻，饱含着非同寻常的丰富含义。

如果有人问我："拉姆·达斯，你快乐吗?"我会认真地感受一下，然后告诉对方答案："是的，我很快乐。""拉姆·达斯，你忧伤吗?""是的，我很伤心。"我在回答这些问题时意识到，所有这些感受都属于此时此刻。设想一下活在当下的丰富含义：一颗破碎的心的疼痛，一位母亲抱住新生儿的快乐，一朵盛开的玫瑰的精美，失去一个亲人的悲痛。这一刻拥有了所有的一切。这就是生活的真理。

那种恩典就是能够从灵魂的角度见证痛苦。表达这一点的另一种方式，就是恩典意味着你将拥有信仰。当我们生活在同时饱含欢乐和痛苦的时刻，并且见证它的所有的完美之处时，我们的心灵仍然会向那些正在经受痛苦的人敞开。

如果我们活在当下，我们就不会受到时间的束缚。如果你认为，"我是一个退休者，我已经退出了我的角色"，那么你显然是在回顾你的人生。这是对过去的反思；这是从人生这部汽车的后视镜中显示的生活。如果你还年轻，你可能会想，"我的整个生命都在未来。这是我以后会做的事"。这种思维可以被称为时间限定。它使我们专注于过去或未来，并担心接下来会出现的情况。

陷入对过去的回忆中或者为未来担忧，是一种自我强加的苦难。无论退休还是年轻，都可以被看作是一种前进的契机，一个用于探索不同的、崭新的事物的时刻。让一切重新开始吧！

这是一个全新的时刻。年老不是顶点。年轻不是为以后做准备。这不是一条直线的终点或者起点。现在不是回顾过去或者为未来做计划的时刻。它只是活在当下的时刻，而当下在本质上是永恒的。活在当下，珍惜你当前拥有的一切，同样是永恒的。

我们与更深层次的自我是那样接近，这是多么了不起的事情。一念之差可以决定一切。而且，那种让我们远离自我的想法，会带来如此多的痛苦。

"这个身体就是我本人"的念头，正是痛苦的成因。我可能会认为，"哦，我的身体过去能够做到这一点。我的头发以前可不是灰白色的。我曾经很强壮。我曾经更瘦削。我曾经……"这些想法会导致痛苦，因为你的身体目前的情况就是这样。我们竭尽所能地保持安全和健康，但是疾病、年龄和事故仍在影响我们。马哈拉杰先生说："一个人甚至没有力量保持自己身体的安全。"释迦牟尼是正确的：这个身体是被时间左右的。但我们只应该活在这里，活在此刻。

给予关爱

如果你得到了恩典，能够在你的有生之年触摸到神性，你就知道，将其用于实践中是一种不小的挑战。换言之，假使你知道你的灵魂的栖居之所，你如何更好地生活，以便巩固你的精神纽带呢？这当中有许多途径——祷告的途径，学习的途径，通过哈达瑜伽重新调节身体能量的途径，唱诵的途径……

我们很多人都会被为他人提供服务这一途径所深深地吸引——那种旨在缓解我们的同胞的苦难的服务，与佛法的要求相一致的服务。

恰如其分地给予和接受，可以从各个方面为人们提供滋养。那些给予爱的人，有助于让他人感觉到自己得到了恩典和祝福。接受服务的艺术来自于这样的心态："我是一个灵魂，你是一个灵魂，而且我们走到了一起。我们扮演什么样的角色，可说是无关紧要。"同样，在提供服务的过程中，你为他人真正提供的是你自己的存在。这就是真正的服务所具有的价值——你敞开的心灵会使他人的心灵敞开。接下来，给予关爱的过程，就会成为每一个人得到的一份礼物。

照顾好长辈

年纪大了，可能会成为更大痛苦的一个原因，也可能会成为一种恩典状态。已经完全独立的人会说，"我讨厌依赖别人"。另一方面，我见到过有些人年老体弱，需要照顾，但并没有违背本性。虽然他们对于别人有依赖性，但他们是那样优雅而且充满爱心，乃至每一个照顾他们的人最终都会感觉到，他们自己也得到了照顾。

我给我的父亲换过尿布，正如他曾经也给我换过尿布一样。有人会说："哎哟，这多么恶心。"事实上，无论对他还是对我而言，这一点儿也不令人恶心。这是人生的一个动人的循环过程。在我的帮助下，他的思维开始变得内省，他快乐、平静而放松，总是容光焕发。这是一个在过去的生活中，几乎只能从外部事物找到幸福的人，而现在，他内心的喜悦正在不断地释放出来。

他内心的某种东西发生了转变，因此，他整个人也发生了转变。我会给他洗澡，而这就像是给佛陀洗澡一样——令人感到狂喜而且不可思议。他甚至没有意识到他以前的自我的存在。

当我的父亲变得更加老迈时，这个一向积极而且十分成功的政治和社会生活的参与者，变得非常宁静。他的脸上经常挂着微笑。我会和他坐在一起，握住他的手一起欣赏夕阳。我们之前从未做过类似的事情。这就是恩典。

当你总是习惯性地说，"那种事我做不来"或者"我不打算这样做"时，不妨看一看你固守的那种思维。那里面有痛苦的根源。

痛苦的本质

我的朋友威维·格雷就是如何改变苦难的一个生动的例子。

除了其他角色之外，威维还是一个会到医院探望孩子的专业小丑。他会穿着全套小丑服装，配上一个又大又圆的红鼻子，和患有重病或者生命垂危的孩子打交道。他给孩子们吹泡泡。有时候，他和他们玩游戏。有时候，他会戴上滑稽的面具或者在脸上涂上油彩逗他们开心。有时候，他们只是待在一起，而他会分享和减轻他们的负担。

威维说："我不知道我还能做什么。看到小孩子被烧伤的皮肤或者秃头，你会做什么呢？我想你只能面对现实。当孩子们那样痛苦和恐惧，而且可能会随时死掉时，那会让每一个人心碎，你只能面对它，看看之后会发生什么，看下一步该怎么做。我产生了一个带着爆米花出门的想法。当一个孩子在哭泣时，我会把眼泪抹到爆米花上，然后塞进我的口中或者他（她）的口中。我们会围坐在一起吃掉眼泪。"

当我 1971 年在印度期间，孟加拉发生了一次剧变。① 我想给受到波及的人们以帮助，于是我到马哈拉杰先生那里寻求他的祝福。他对我说，"难道你看不出这一切都很完美吗？"

尽管我对这个人爱得如此之深，但我记得，我当时感觉这就像是一种亵渎。他怎么能说孩子都快要饿死了是完美的？然而，这是一个具有难以置信的慈悲心的人。他为每一个人提供食物，他在一天的所有时间都在帮助他人，所以我感到迷惑。他告诉我说，我失去了我的平衡，对苦难变得如此痴迷，以至于无法看到更多的东西。

这件事给我的启示是，有的问题会涉及你在意识方面的立场，涉及你是否允许自己在没有关闭心灵的前提下与世人的苦难共处。如果你为了生活在这个世界上而关闭你的心灵，或者给其装上铠甲，你就会成为阻碍心灵复苏的力量。与此同时，你也要给予心灵的苦难一定的孕育时间，让它产生相应的自愈力。

---

① 孟加拉地区原为英属印度的一个省，1947 年印巴分治后归属巴基斯坦，被称为东巴基斯坦。1971 年，脱离巴基斯坦，成立孟加拉人民共和国。

印度圣人斯瓦米·拉姆达，一生都在追随拉姆的足迹。一天晚上，当他在一条河边露宿时，被蚊虫叮咬而难以入睡。他的反应是："啊，拉姆，谢谢你让这些蚊虫过来叮咬我，让我保持清醒，这样我就可以整晚想着你了。"

我们大多数人都没有为此做好准备。可是，苦难的确是一种用于心灵净化的火焰。对于一个还没有觉醒的人而言，一切游戏的本质就是将快乐最大化，将苦难最小化。当你变得更加清醒时，你会认识到佛陀的第一圣谛的现实性：在这一层面上的生存包括苦难。你越是有知觉力，就越是能够认识到，苦难是你所需要的一种教诲。你如何体验痛苦取决于你的情感，取决于你在多大程度上认同释迦牟尼所描述的"瞬间的非我"，也就是我们通常所说的自我，我们所自认的自我。

考虑一下有一个残疾孩子的感觉——这往往会被视为一种悲伤、痛苦和不幸的状况。但是不同的看法是：这个灵魂是为了完成某种工作，才以这种化身而出生的。这项工作的一部分就是要认识到，他（她）可能并不会完全被周围的人所理解和欣赏。作为家长，你那人性的慈悲心渴望消除你的孩子的痛苦。然而，假如你注重培养你的精神意识，并将这个存在物作为一个灵魂看待，你就能够帮助他（她）接触到他们的自我当中与残疾毫无关系的部分。从另一方面说，只要你将这个孩子作为没有能力的伤残者看待，你就是在强化他（她）注定要受苦这个特定的现实。努力地去面对藏在残疾背后的那个灵魂吧，这样一来，你的自我修行就是给予你的孩子的一份礼物。

我有一个四肢瘫痪的年轻的朋友凯利。大概在他 9 岁时，被误诊为脑部受伤。如今，他的头脑完全清醒而且非常聪明，在 33 岁的年龄，他就是一个能够给人带来莫大喜悦的人。你把他的手放到一块字母板上，他就可以拼出单词与你沟通。有一次，当我公开演讲时，我让凯利介绍了我。听众（包括一些医生和健康治疗师）大概有五百人，看到坐着轮椅的凯利被推到舞台上，他们全都目瞪口呆。凯利拼写出了这句话："拉姆·达斯说，我们不是我们的身体。阿门。"

我们如何能够提供帮助

在面对痛苦时，尤其是在面对与我们关系亲近的人的痛苦时，我们经常感觉无能为力，不知道如何能够提供帮助。实际上，任何看似简单的善良之举，都是如此富有意义，比如在彼此关心的人们之间制造安静的时刻，或者是作为朋友和家人提供各种支持和关心——提供食物，进行祷告，等等。食物可以比营养本身带来多得多的东西。你也可以从花园里采摘一枝花

朵，或者只是聆听某个正在受苦的人的恐惧和感受，让他们知
道他们并不孤独。有时候，只要在这一刻敞开心灵，与他们安
静地待在一起就足够了。恩典随时都会降临，并且为灵魂提供
滋养。

无可替代的慈悲

能够忍受貌似无法忍受的东西，是慈悲最典型的特征之一。

当你能够忍受你通常认为自己不能忍受的东西时，你所认
定的那个自我就会死亡。你会变得慈悲。你并不是具有一般意
义的同情心——你就是慈悲的化身。真正的慈悲会超越与受苦
者相处时产生的心意相通。你会成为一种慈悲的工具。

你自己的痛苦——无论是失败、悲伤还是体痛——都会令
你难以忍受。你的心灵可能感到破碎。然而，你仍然可以活在
当下。你可能会体验到那种深入骨髓的痛苦，并且由此造就了
你的另一种存在。你会看到痛苦使你觉醒的方式。很难想象，
在一门完整的人生课程当中，"痛苦"不是其中的一部分。

这是一个较为艰难的教诲过程。这种教学的一部分内容，
是开始了解——或者放弃——寻求快乐并且避免痛苦的过程，
那种如此强烈地将你引向自我而非灵魂的模式。当你不再一味

尝试避免痛苦时，某种新的情况就会发生。假如你总是希望迅速远离痛苦时，就不可能看到它的本来面目。《道德经》里有这样一句话，"故常无欲，以观其妙；常有欲，以观其徼"。当你清除掉你的镜子上欲望的灰尘时，就会开始使其反映出事物的本来面目。倘若你更多地拥有爱的意识，并且看到事物的实质，就会突破你的孤立感的界限。你会开始以一种新的方式体验外部世界，这样一来，你就不是与他人形成某种相对关系，而是成为他们本身。在那一刻，宇宙的苦难就在你的内心深处，而不是在你的外部。真正的慈悲来自于这样的意识：你中有我，我中有你，你我同为一体。

下面是佛家弟子表达的有关爱和善良的祝福：

愿一切众生无危险。

愿一切众生无精神之苦。

愿一切众生无生理之苦。

愿一切众生永享平和。

第七章

知足常乐

海滩时光

如今，我每周至少会有一次，和一些当地的朋友去毛伊岛①的海滩那里游泳。我们在海滩上逗留一会儿，接着就会一齐进入水中。汤姆经常带来一袋花瓣，当我们开始朝着标志着游泳区的那个浮标游去时，他充满深情地将花瓣撒到水中。我酷爱浸泡在海水中的感觉。我们有时候会唱歌；我们经常发出欢笑。我们漂浮在被爱包围的海水中。我们在水里玩水球。我习惯性的做法就是触摸救生圈并且说："哦，救生圈，哦，救生圈!"只有在别人劝说的情况下，我才会返回到海滩上。

有一天，有人来到海滩上，问我们在庆祝什么。其中有一

---

① 美国夏威夷州茂伊县火山岛，在莫洛凯岛和夏威夷岛之间，面积1886平方公里。

个人说："我们正在庆祝今天，也庆祝我们能够在一起。"我们并非开玩笑。我们的意图是承认每一种事物在每一天都是神圣的——所有的一切都是如此。

海滩时光是我的满足感的一个完美体现。你可能会认为，在毛伊岛海滩上玩耍，当然很容易感到满足。的确如此——那是一个出色的海滩。但这里涉及的不是身体的满足感。在瑜伽当中，"桑多莎"（满足状态）修行，是一种可以帮助你让思维安静并且让心灵敞开的实践。

满足感是用于引导你的意识通向统一性的心理状态之一。真正的满足更多的是对于灵魂的一种态度，而不是对于自我或者个性的态度。这是来自于灵魂层面的一种人生观。

爱和同情是产生于灵魂的情感。当你认同你的灵魂时，你就会生活在一个充满爱的宇宙中。你的灵魂会爱所有的人。它就像太阳，会让我们每个人展示出美的一面。你能够感觉到从你的心脏辐射出来的爱。当我们感受到那种爱时，无论我们身在何处，我们都会感到快乐。总之，满足可以带来诸如此类的很多好处。

考虑一下带给你满足感的那些经历。

也许你的满足来自于置身大自然中，聆听鸟鸣或者海浪拍打海岸的声音，观看日落或者夜空中的星星，或是凝视花园里的一朵玫瑰。也许它来自唱歌、听音乐、洗个热水澡或者是做身体按摩。也许它来自看着你的孩子，与你的猫或狗相处。也许当你在注视着心爱的人的眼睛时，便能够体验到这一点。这些都是能够触摸到你的灵魂的体验。

在西方的目标优先级列表中，满足感这一项，并未处在十分靠前的位置。我们关注的是成就和消费，关注如何拥有越来越多的财富。也许我们担心如果每一个人都感到满足，社会进步和经济的车轮就将停顿下来。我记得，有人曾经指责禅修者"像牛一样被动"。生活在当下，充分体验每时每刻，绝对不是被动。但是，它的确会导致一种深刻的感受，那就是一切都很足够，那是一种深深的知足感。

我的大部分满足感来自于我和马哈拉杰先生的关系，以及不断回忆他在我的生活中的存在。与他的关系，就像是拥有无限多的爱的智慧、能够反映出我的最深处的自我的源泉。

> 你再一次化为波浪
>
> 让生命之船在你的推动下起航
>
> 里尔克《时光之书》

我在马哈拉杰先生那里，找到了能够同时满足我的智力和我的心灵的某种东西。他居住的空间总是洋溢着浓浓的爱。他的周围有一种光环，那是一种如此强大的存在，以至于你只要靠近它，就能够感觉到被沐浴和纯化。即使是现在，当我将它带到我的心灵当中时，还是会有同样的效果。

> 自从遇到我的主的那一天，
> 我就开始感受到无边的大爱。
> 我瞪大眼睛并带着微笑，
> 看到他的美无处不在。
> 我情不自禁地说出他的名字，
> 而且不管我看到什么，
> 他总是首先进入我的脑海。
> ……
> 无论我走到哪里，
> 都会跟随在他的左右，
> 都会与他的心紧密相连。
> 我得到的就是他的服务。
> 当我躺下时，
> 我会卧倒在他的脚边。
> ……

无论我起身还是坐下，

我永远都不会把他忘记。

因为他的音乐的节奏

时时在我的耳边响起。

卡比尔

我对马哈拉杰先生的爱是敞开自我的途径。他总是在这里，不断提醒我他的存在。我每时每刻都在与这个意识、爱、光明和存在的载体相处。

下面是马哈拉杰先生所说的一些关于爱的话：

最糟糕的惩罚，就是将某个人抛出你的心灵之外。

你不应该打扰任何人的心灵。

即便一个人伤害了你，也要给他爱。

如果你爱上帝，你将克服一切思想的杂质。

你应该像爱上帝那样去爱每一个人。如果你们彼此不爱对方，就无法实现你的高尚的目标。

基督说：要像爱上帝的子女那样爱芸芸众生并为他们服务。

有人问马哈拉杰先生如何冥想，他回答说："像基督那样冥想。"当被问到基督究竟如何冥想时，马哈拉杰先生说："他让自己沉浸在爱当中。"他还说过："基督总是与众生同在，对世界所有的一切都怀着伟大的爱。他被钉在十字架上，所以他的精神能传遍世界。他是与上帝同在的人。他为了理想而牺牲他的身体。他没有死。他不会死。他是活在所有人心中的阿特曼。芸芸众生都是基督的映像。

"经由基督的祝福，你会得到对于拉姆的纯净的爱。哈努曼和基督是一体。他们是相同的。"

有人问马哈拉杰先生究竟什么是冥想的最佳方法。他说："像耶稣那样做，在每一个人那里看到上帝。像上帝那样怜惜所有的人并且爱所有的人。当耶稣被钉在十字架上时，他感觉到的只有爱。"

面对挫折

2009 年的一天，我要去拿一本书，结果发生了一个意外。我一屁股摔在地上。

于是麻烦就来了——这造成了髋关节骨折。我已年过八十了，所以我猜测这和年龄有关。但髋关节骨折是我自己的错。

我大部分时间都坐在轮椅上，而那天当我想要转移到轮椅上时，我没有集中注意力，所以跌倒了。我所面临的困境是，如果我把注意力完全放在身体上（比如当我转移到轮椅上时），我的意识就不会与我的灵魂共处，因为我和绝大多数人一样只是在关注我的身体。我觉得，注意力不集中是我的孤立性的一个症状——如果我真的生活在万物合一的状态中，灵魂意识和身体意识之间就没有任何区别。

就这样，我开始在医院里接受髋关节治疗。医院是为一个个身体准备的。医院好比是身体的杂货铺。对于医院大多数工作人员来说，我是 322 房间唯一髋关节骨折的老家伙。这就是我在他们专业眼光中的我的形象。

医生和护士所代表的化身角色，隐藏着看到身体的问题并予以治疗的灵魂。与此同时，我在我的这个化身当中，可以去了解我的真正的自我，去了解我的灵魂。在此过程中，我也能够了解有关中风和髋关节骨折方面的知识。正如我所了解的那样，你可以通过多种不同方式考虑它们。

从我的角度来看，身体的运转机制，是接触到灵魂所需的磨盘上的谷物。这是一项艰难的工作，因为身体的感受会攫住我们的注意力。和学习如何从灵魂层面生活相比，学习游泳根本不值一提。

在我们的思维当中，身体的"我"是在外部，而灵魂的"我"是在内部。为了接触到我的灵魂，我就必须把注意力转向内部而非外部。但是，我必须将其有选择地转向内部，因为我同时需要关注身体，所以，我最好确定我的立足点应该放在哪里，否则我就会自绝生路。我在恰当的时候会关注我的身体，而在其余时间里，我会更多地关注我的灵魂。

身体和灵魂的关系，就像是马车和马车夫。拉着马车的马是欲望。马车夫是自我，是那个控制欲望、注意它要朝哪里走（由此确保方向不会出错）的"我"。在马车夫的内里有一个乘客。那么谁坐在马车的内部呢？那就是我们的灵魂。"车夫，你停下来好吗？""车夫，你走得有点儿快了。"

我坐在我的马车里，我的马车有时需要加点儿润滑油、更换一个新轴承或者金属接头儿。我是在可以更换一个髋关节的马车店里，而其他人是马车维修技工。只要我知道我是谁就好——我不是马车，我是坐在马车上的乘客，而且我一路上都很快活。

在我的外部，我正在从髋关节置换手术当中恢复，但我在内部却在跳舞。我看上去像是一个又蠢又笨的老家伙，但我却正在灵魂深处跳舞。那是多么快乐的舞蹈！在印度，它被称为里拉，也即灵魂的舞蹈或者爱的游戏。而且你可以随时加入里拉之舞，因为它总是在进行中。它就在这一刻，它永不停止。

　　我在医院里失去过我的灵魂吗？哦，也许有那么一会儿，我失去了与我的灵魂的连接，但我没有真的失去我的灵魂。它又能去哪里呢？我本人也还在这里，只是有了一个新的髋关节。我的髋关节甚至比过去更加时髦。

从角色到灵魂

　　正如我们已经讨论过的那样，自我意识和灵魂意识是两个不同的意识层面。从精神的角度来看，我们都是进入到这些化身当中的灵魂。我们诞生于世，我们的形象和扮演的角色就是我们的化身。我们就在这里，我们每个人都是一个特定的存在。

　　当我过去往返于美国和印度时，我有时会踏上新德里的土地，并且坐公交车到达一个山村。那个村庄的人都知道他们是灵魂。假使一个人负责清扫路面，而另一个人是村长，那么这并不是他们的全部身份。村长不只是一个村长，而扫马路的也不只是忙着做其清道夫的工作，因为他们具有针对自己的化身的特定角色，而且他们也将自己视为灵魂的载体。与此形成鲜明对照的是，每当我回到美国，而他们在纽约打开飞机舱门时，每个人都认为他们只是他们的角色本身。

因为化身所具有的力量，我们进入我们的角色是如此之深，以至于会忘记我们是灵魂。由于所有的感觉、情绪、欲望以及留在身体当中的各种问题，我们会忘记真理。我们认为，"我是一个男人。我是一个女人。我来自加州。我是一个母亲。我是一个父亲。我是一个寡妇。我是一个孩子。"言下之意就是："我必须是某种身份，难道不是吗？"

考虑一下你根据你的职业而自我认同的各种方式："我是教师。我是医生。我是科学家。我是厨师。我是犹太人、基督徒或穆斯林。我是股票经纪人。我是一个成功者。我是一个灵修者。"——诸如此类的身份，可以让你自我认同的时间持续多年，直到"我退休了"那一天到来。

所有这些都是自我，都涉及你认为你是谁，它们是有关你如何自我认同的各种想法，是有关你在社会中扮演不同角色的想法。当我们结识某个人时，我们会问："您好，您是做什么的？"问题是，你做什么和你是谁是一回事吗？

我们的每一个角色都代表着一种思维形式。我们会把我们的灵魂与我们的角色混淆起来。你不会把我看成是一个灵魂。你会把我看作是拉姆·达斯，看作是一具躯体，一个角色。这和我是一个大提琴家、一个飞行员或者教师有什么关系吗？当你抛开你的具体角色时，这种外在形式就仅仅是身体本身而已。

我的真实的自我就在这里。它涉及的不是"你是做什么的?",而是"你是什么样的人?"。我们的内在自我,是超越一切形式的。

当你活在你的灵魂当中,而你的心灵保持开放时,你就可以唤醒其他的灵魂。你走进一家杂货店,它在你看来就像是一个寺庙,里面的每个人都是一个灵魂。有些人认为他们是顾客;有些人认为他们只是在那里工作,但你却具有更大的洞察力。你走到结款台那里,眼睛立刻就锁定了那个出纳员。"你在这里啊?哈哈,我们是灵魂的同胞!"

如果你有孩子,你的孩子就是灵魂。他们只是在扮演孩子的角色,而你扮演的是母亲或者父亲的角色。

如果你陪伴着垂死者,而且你将他们视为灵魂,从自我到灵魂的过度就更容易实现。作为一个临终关怀者,如果你认同你的灵魂,就很容易把那个垂死的人视为灵魂,并且让他们的过度过程变得更容易。

永恒的瞬间

当你衡量这一刻时——也即这一瞬间,不是过去的瞬间,不是未来的瞬间,而是此时此刻——就会更加深入自我的心灵深处。最终，活在这一刻会变成一切，也会变得什么都不是。一切都在这一刻。这一刻总是在这里。瞬间就是永恒。

你从完全活在这一刻当中所得到的那种快乐，会带来某种满足感。这是一种修行，它在本质上不同于一般的舒适感受，它也不是做某件事的成就感。它只是完全活在当下的感觉。

你必须深入这一刻。如果有什么东西正把我带离这一刻，我会说："我正在做什么？"或者是，"是什么阻止了我的满足感？外面正在下雨。难道雨不会让我满足吗？外面的那些得到滋润的花朵心怀感激，我同样心怀感激。啊，雨水是那样动人，小小的雨滴拍打在窗户上，就像一个个小球。现在我真的很满足。"我会因为能在这样的天气中打个盹儿，而不需要考虑应该做其他事情而感到满足。我甚至为这次髋关节骨折带来的治疗作用而感到满足。这是身体变老的一部分，但我的灵魂依然在这里。

当我于1966年第一次前往印度时，我只不过是一个普通的造访外国的西方人。我和一个开着"路虎"旅行的朋友在一起。我们有金枪鱼罐头和维瓦尔第①的磁带、折叠床以及各种西式便利设施。我们透过车窗打量这个异国的文化。

---

① 安东尼奥·卢奇奥·维瓦尔第（1678—1741），意大利作曲家，创作过许多歌曲和大量宗教音乐。

当我们来到瓦拉纳西这个印度教徒经常将其选择为升天之地的圣城时，患有麻风病和其他各种疾病的人们漫步街头，他们只是在等待死亡。他们每个人都有一个小袋或者是一个小小的布包，里面装着用于他们的葬礼柴堆的硬币，以便支付燃烧自己身体所用的木材的费用。

当我们驱车穿过这个城市时，我心想："这里没有医院。他们没有支持系统。他们只是在等死。"这些压抑的念头和无所不在的贫穷，不能不让我感觉恐怖。当我们到了那家酒店时，我甚至一度藏身于床底下，而不愿看到外面那种既寻常又奇特的景象。

我半年后再次造访了瓦拉纳西。那里还是同样的景象，但在这过去的六个月里，我一直住在喜马拉雅山的一个印度教寺庙里，接受我的导师的指导。现在，我不再仅仅是一个西方人，而是成为一个印度人和犹太人的结合体，或者多了一点儿佛家弟子的味道。我开始发现，瓦拉纳西是一个能给人带来莫大喜悦的城市，虽然它同样充斥着莫大的肉体之痛。

我看到的不再仅仅是"那些可怜的人们"，不再因为目睹他们的痛苦而感到压抑并试图回避，而是能够停下来，注视着他们的眼睛。

我看到了两件事情。首先，他们带着慈悲之情看着我，仿佛我是一个饥饿的幽灵，一个四处游荡的无家可归的幽灵。其次，他们本身很知足。

他们在那样的痛苦当中怎么可能知足呢？他们知足，是因为如果你是一个印度教徒，你将死在瓦拉纳西的恒河岸边，湿婆①将在你的耳边低语并将你的灵魂解放出来。这些生命在正确的时间来到了正确的地方。他们将要死在对印度徒而言的一个理想之地。

他们的满足感真的让我大受震动。他们怎么会如此知足呢？这和我所有的西方价值观是冲突的。我在西方的生活总是涉及成就、希望和欲望，如何做得更多并且得到的更多。我感觉到自己好像是在错误的时间出现在错误的地方。我永远都在考虑如何取得下一个成就。然而，在瓦拉纳西的这些人却拥有我无法取得的成就：满足感。

你需要的只是……

如果我活在我的灵魂意识里，当我看着他人时，我会看到他们的灵魂。我仍然会看见个体差异——男人和女人，富人和

---

① 印度教三大神之一，毁灭之神，前身是印度河文明时代的生殖之神"兽主"和吠陀风暴之神鲁陀罗。

穷人，有吸引力的人和没有吸引力的人，以及诸如此类的方面。但是，当我们认识到彼此的灵魂时，我们就会看到更多的东西。爱是有关融合的情感，是有关成为一体的情感。爱是进入万物合一的方式。

我们会在同一层面上看待爱、恨以及其他情感，但其实并非如此。怨恨、恐惧、欲望、贪婪、嫉妒——全部都来自于自我。只有爱来自灵魂。当你认同自己的灵魂时，你就会生活在一个充满爱的宇宙中。灵魂会爱每个人，就像太阳普照万物一样。这会让我们每个人展示出好的一面，你能感觉到它就在你的心灵中。

在和马哈拉杰先生共处的初期，他反复告诉我说："拉姆·达斯，要爱每一个人，要说实话。"当时，我真的偶然触到那种状态，并在瞬间感受到它的价值。我大部分时间都活在自我层面上。我能够在短时期内去爱几乎所有的人，但事实却是，我并不会爱每一个人。于是就有了那一天，我当时对每一个人都感到生气，马哈拉杰先生走到我跟前，与我几乎鼻尖相触，并看着我的眼睛说："拉姆·达斯，要爱每一个人，要说实话。"他是在让我采取不同的方式并成为一个灵魂。他想表达的是，当我能够从意识的灵魂层面——也就是真正的自我层面出发时，我就会去爱每一个人。这就是有关我的事实。我足足用了四十年时间才弄清楚这一点。

要掌握依据你的内部真相确立你的立场的艺术。当你根据这个真理生活时，其结果是思维和心灵的融合，以及所有恐惧和悲伤的结束。这不仅仅是为了获得纯粹的能量或者智力方面的知识。被直觉的精神智慧所照亮的爱，将会以不断涌现的满足感和永不结束的甜蜜感，为你的一生赐福。

让生活处于最佳状态

你可以通过活在当下与你的灵魂保持接触。灵魂栖居在你的心灵当中。它是心灵的大脑。要用爱完成你的日常行为。当你与你的灵魂融为一体时，你不仅会反映神的光芒，也能够成为其他人寻找自己灵魂的一面镜子。灵魂所具有的唯一的目标，就是满足神的要求，并且与受爱者合而为一。

一切都应当回归它的本来面目。我这样说，是因为我已经屈从于这种统一性，它让这一刻得到完美的体现——我从内心深处感觉平静和坦然，我也感受到了慈悲、智慧、欢乐和爱。

冥想：爱的意识

阿特曼，在所有人体内所具有的那种普遍的灵魂，在你自己的体内会作为你的个人灵魂而显现，它对你而言代表着智慧、慈悲、欢乐、爱与平和。首先让自己平静下来，然后想象自己进入到内心深处。专注于你的心脏的中间部位，让这一措辞在心脏空间里回荡："我是爱的意识。我是爱的意识……"让它成为你的一部分。用你的呼吸继续凝神静思：吸气，呼气，吸气，呼气。在你的鼻孔处的空气的活动，或者你的腹部膈膜的升降，是让你专注于呼吸的理想目标。

当你的思维消退到呼吸的海洋里面时，始终要将注意力集中于心脏空间的中间。那个点就是你的佛心，那种爱的意识就是你的本质——它是真实的你，因为你现在就是意识本身。现在，你能够意识到你的眼睛以及它们看到的东西；你能够意识到你的耳朵以及它们听见的东西；你能够意识到你的皮肤以及它所感觉到的东西。你能够意识到你的大脑，以及从你的大脑中流淌出的想法之河。想法，想法，想法……

其中有些想法是正面的；有些想法是负面的；有些是关于你的，有些是关于别人的；有些是评判性的想法。但是，你要继续认同在你的心灵深处的爱的意识。"我是爱的意识。我是爱的意识。我是爱的意识……"

意识不是一个东西。我们可以给它贴上标签，但它并不是那个词汇本身。你是爱的意识。耶稣也是如此。克里希纳也是如此。释迦牟尼也是如此。马哈拉杰先生也是如此。你和他们都是爱的意识。爱的意识应当与一个人同在。

我们每一个人都是宇宙意识那只手的一根手指。爱的意识存在于每一个人体内；每一个人都存在于爱的意识里面。战争和分歧，各个独立的国家之间的合作与对抗，这些都是我们玩的游戏。然而，我们都是爱的意识。

我们是个体，但又不是个体。我们都是神。你是一个个体，而你也是整体的一部分。当你最终触摸到爱的意识时，你必然会感受到爱的意识带给你的幸福感。

开放的心态

我尊敬我们所有人体内的那道光束。我越爱神，就越爱神的各种形式。从灵魂的角度而生存，很像是一种直抵心脏中央的旅行。我上了一辆公交车，等到我下车时，我感觉到我已经遇见了一辈子都很了解的关系亲密的家庭成员。我们彼此相亲相爱。为了带着必要的开放心态活在你的佛心当中，要信任万物合一这一真理。在那种爱的意识中，你并不像你在自我（你认为你和别人是分开的）当中时那样脆弱。

> 玫瑰如何敞开它的心灵，
> 并将它所有的芬芳献给这个世界？
> 它感觉到了体内那道光芒的鼓励，
> 否则，何止是玫瑰，
> 我们都会活得过于胆怯。
>
> 哈菲兹①《玫瑰的秘密》

　　一个人如何成为爱的意识？如果我将我的身份从自我改变为灵魂，那么当我看着人们时，他们在我看来都像是灵魂。我从我的大脑——也即关于我是谁的那种想法出发，改变为直抵我的佛心——后者是一种不同的意识——会让我直觉地感觉到爱的意识。这是从一种世俗的外部标识改变为一种精神的内部标识的过程。

　　我们的爱的对象是爱本身。它是每一个人和每一种事物内

---

①　14 世纪的波斯神秘主义者和诗人。

在的光。爱是一种存在状态。你爱众生，是因为他们值得被爱。你会看到不同形式的神性的奥秘。当你生活在爱里面时，你会发现爱随处可见。

其实，你会爱上你所看到的每一个人。

当这种情形开始发生时，随着爱上你遇见的每一个人，你可能会认为，你想让他们全都归为己有。于是你得到了其中一个，并且说："让我们共筑爱巢吧。"于是你弄来了家具和窗帘，筑起了一个巢。你去超市买豆腐和啤酒，你看着在结款台处的那个人的眼睛。眼睛是灵魂的窗户，所以你看着它们，那当中也有你的受爱者。现在，你要怎样做呢？你家里已经有了一个人了。难道你会说："你考虑过加入到我们当中，构建一个三人世界吗？"

你必须从一种缺失模式转变为接受一种充足状态的模式。之所以充足，是因为你就是充足本身；无论你走在哪里，你都在辐射爱。当你成为爱的载体的时候，每当你走在大街上，人人都会再次成为最迷人的人。你一边看一边欣赏。你可能会注视另一个人的眼睛，而且你们都会意识到那种爱，但你不必为此做任何事。

情感关系的核心艺术是要认识到，你所置身的每一个情感关系——在每一个时刻的每个关系——都是唤醒爱的力量的一种工具。受爱者无处不在。

我有一次外出巡回演讲，住一家时髦的汽车旅馆。那里面到处都是塑料结构。我抵达那里，进入房间坐下来，开始在那个塑料写字台上建立我的小小的礼拜（puja）①空间。我把酒店菜单和其他东西挪到一边，坐在那里，感觉有些沉闷。我心想，"好吧，再过几个星期，这次巡回演讲就结束了，那样我就可以回家了。"然后，我看到了这个念头导致的那种痛苦。

我站起来，走出房间，关上门，走过大厅，转了一圈，转身折回，打开门并且喊道："我到家了!"

我走进房间，坐下来，朝周围看了看，并且对自己说："你知道吗，这里就是你的家，只不过没有经过特别的装饰而已。"

如果我在宇宙中的任何地方都没有在家的感觉，我就有麻烦了。如果我说我只能把此处当做家，却不能把他处当做家，那么什么是家？家是心灵的栖居之所。家代表着存在。家就在这里。

让你的大脑安静下来；丢掉不必要的思维模式。敞开你的心灵，让你的想法和情绪被此刻所消耗，直至你成为纯粹的存在。现在你活在中国人所说的"道"中，而且无论你走到哪里，

---

① 印度教的礼拜，是印度教徒的一种祈祷仪式，旨在邀请和尊崇一个或多个神灵，或者从神性层面庆祝一个事件。

25

它都与你同在。

> 不要到你家外面去赏花。
> 我的朋友，你不必费那种周折。
> 在你的身体里就盛开着鲜花。
> 每丛花都有一千个花瓣。
> 你可以在上面安坐下来。
> 你会瞥见身体内外的美，
> 因为你的周围都是花园。
>
> 卡比尔《安坐之地》

当你和我在爱的意识中休憩时，我们就如同一起畅游在爱的海洋里。带着宁静的大脑进入爱的河流，把与爱有关的一切均视为你自己的一部分。

幻觉的车轮

一个灵魂需要通过一次人类的诞生而拥有一系列经验，以便借此从孤立的幻觉中觉醒过来。这种化身的体验是一门课程，而这门课程的教学目标，就是将我们从我们的本质是化身这种幻觉中唤醒。恰当的修行是帮助我们实现这一目标的工具。

你来自纯真状态，最终还要返璞归真。有人问一位智者："我们这次旅程用了多长时间？"他回答说："想象一下，一座山有三英里宽，三英里高，三英里长。一只鸟儿每一百年飞越这座山一次，它的喙衔着一块丝巾，它让丝巾拂过山的表面。这块丝巾磨去这座山所用的时间，就是我们的这一旅行所用的时间。"

我们不可避免地处于觉醒过程中。如果你能够深入理解这一要旨，它就能够使你从不同角度——耐心与永恒的角度——进入到你的修行过程中。你修行不是出于一种责任感，或是因为你认为应该那样做，而是由于你从灵魂深处知道，除此之外，你并没有其他更有意义的事情要做。

在梵文中，这就是所谓的 vairagya——带有世俗欲望的一种疲倦状态。在这些欲望当中，只有对于精神满足的欲望会被保留下来。精神的需求是能够真正攫住你的身心的最后的欲望，但它会自行消失，因为你的思维会消失在这个过程中。你会变得更具有包容性，变得柔和，变得开放，变得灵活，变得安静。你将成为爱的海洋。

灵魂由爱而生，因此它必然不断尝试回归于爱。它从其他任何事物当中，都永远不可能找到落脚点和幸福感。

它必须在爱中迷失自我。

马格德堡·梅希蒂尔德①

最终，我们其他所有的欲望，都会融入让我们和真正的受爱者之间没有障碍这一巨大渴望中。

艾克纳·艾斯华伦②

时间是由关于过去和未来的念头所形成的一个框架。只有最直接地感受当前时刻——当你不再沉湎于过去或者等待未来，而是仅仅活在此时此刻——你才会处于时间的框架之外。活在当下，就是活在灵魂中，而灵魂是永恒的存在。

当我们处于时间的框架之外时，就没有任何所谓的主体和客体；一切都只是在这里，在当下。思维的头脑只能够处理主体和客体。但是，从当下的角度出发，你就能够看到时间从身边经过。你不是在时间当中。你就是你，时间就是时间，你们之间没有关联，就好像你是站在桥上，看着它从桥下经过。

我们是在朝着简单、安静的目标旅行，朝着不受时间束缚

---

① 中世纪的一个神秘主义者，她的作品《神光》描述了她想象中的上帝的意象。

② 印度精神导师，撰写过多部有关冥想的方法以及如何过上充实生活的书籍。

的一种快乐之境旅行。在这种摆脱时间而通往"无限"的旅程中，我们会甩掉有关我们的自我意象的所有模式。

这段旅程涉及我们的存在的转型，从而使我们的思想的头脑成为我们的仆人而不是主人。这一历程会让我们从最初的心灵身份转变为灵魂的身份，然后是神的身份，并最终超越任何身份。

人生是一门令人难以置信的课程，我们会充实而且富有热情地生活，将其作为一种觉醒的途径，以便接触到有关我们的存在的最深刻的真理。作为一个灵魂，我只有一个动机：与神融为一体。作为一个灵魂，我活在当下，活在每一个丰富而珍贵的瞬间，而且我的内心充满了满足感。

愿上帝的祝福

为你带来安宁。

愿他的安宁

永远与你同在。

愿他的存在

照亮你的心灵——

从现在，到永远。

苏菲派祷文

第八章

修行，再修行

建立日常修行模式有什么益处？从我们都是纯粹的灵魂、我们都只是爱的意识这一层面来说，这无关紧要。你应当关注的只是眼前的每一个瞬间。只要完全活在当下，就无所谓修行，而只有存在。如果你在这方面的情况很稳定，那就可以忽略本章内容，因为你已经活在当下了。

从另一方面说，如果你的思维仍在徘徊不定，你可能会发现这些修行能够带来的益处：使你回归自我，更加注重活在当下，敞开心灵，学会听从你的佛心的指令而生活，使你再次接触到你的本质——真正的自我，擦亮你的大脑和心灵的那面镜子，使它们能够真正体现出你的精神。

我们大多数人都苑囿于物质世界中，因此很容易在现实生活中迷失。每天修行非常有助于你不断提醒自我，将你不断拉回正途，使你再次觉醒，并且有机会看到你在前一天如何迷失，以及如何从灵性的角度看待每天发生在你身上的事情。

例如，当我早晨醒来时，我就会读一小段文字。我的床头总是放着一本书，我会把它拿起来，读一首诗，或者是哲人的一段引文，由此开始新的一天，而且这会让我铭记这个游戏的本质。

你可以通过各种修行，接触到你的真正的自我。通过每一种特定的方式敞开你的心灵。在一开始，当你尝试不同的方法时，要对自己宽容一些。总有一种方法会适合你独特的业力。如果你带着纯粹的心灵和对于自由的渴望进行修行，它就会给你带来相应的回报。

修行并不是得到某种东西或者到达某个地方的一个途径。你选择修行，是因为你需要选择修行，不是为了达到其他某种状态，而是要与你真正的自我接触，要清除掉那面镜子上的灰尘，要更加充分地进入当下。你现在或者在出生一万次之后，是否会达到自由和开悟状态，并不是问题的关键。一旦你觉醒并感受到内心存在的宇宙的可能性，它就像是一种巨大的引力。

不要深陷在过高的期望中。如果你变得过于重视它们，修行本身就会成为障碍。要尽可能自觉地使用这些方法，要知道它们在真正起作用的同时，最终也有可能会自我毁灭，言下之意就是，你有一天可能不需要任何特定的修行方法。

创造一个神圣的空间

为了修行，不妨在你的家中创建一个安静的角落——一个瑜伽之所，一个通向无限的跳板，一个用于冥想的座位，一个到达你最深处的自我的圣坛。

在印度，一张礼拜供桌或者一个礼拜房间，是用于冥想、崇拜、祈祷、阅读圣书、反思或诵经的神圣的空间。它是一个能够让你想起你的自我、与你的上师取得联系的所在，或者仅仅是一种精神安慰的源泉。它可以成为举行祈祷仪式、表达爱、敬献鲜花、香烛、食物，或者只是表达感激之情的空间。

要让这个空间简单而纯粹：那里或许有一张垫子，有蜡烛和焚香，有一张你感觉到与其心意相通的受爱者——佛陀或基督、拉姆或者克里希纳或者是你的上师——的照片或图片。安排好一个座位，你可以挺直背部舒适地坐在上面。禅宗佛教徒使用一种冥想靠枕和坐垫。你可以使用任何能够让你舒服地坐下来的东西——一张板凳或椅子，如果你需要它的话。这就是你的神圣的空间。

让你的礼拜供桌成为能够反映出修行对于你的意义的供奉之物。它可以是在房间的一角，在壁橱里，或者说，如果你有足够大的空间的话，不妨将它设置在一个单独的房间里。你可能需要给桌子盖上一块布。将一束鲜花作为祭品献给你的受爱者，能够增加温馨和甜蜜之感。你选择的圣像或照片，为正在受苦或者生病的家人、朋友所写的祷文，可以帮助你打开心灵。把圣书放在附近，方便日常使用。

如果你早就有了一张礼拜供桌，你一定不要中断和深化你的修行。让精神渗透于你的生活。让自己置身于神灵的形象中间，以便提醒自己，在生活中什么是真正重要的。让那些形象帮助你敞开你的心灵，并带来内心的平静。

你可以在你的办公桌上面，在你的电脑空间里面，在工作台台面上，在你的房间入口处，在电冰箱门上，创建小小的祭坛或者圣坛。在花园里，在你的门口台阶上，在前院或者后院，在你的汽车的仪表板上，同样可以创建一个圣坛。你固然需要从外部为你的生命赋予灵性，但要知道，真正的工作是从内部开始进行的。

坚持晨修

正如水流会磨损石头一样，同样，每天坚持修行，会扯掉一切幻觉的面纱，使你早日进入开悟的状态。

对于新手而言，不妨考虑提前半个钟头起床，以便让自己有足够多的时间灵修。

当你靠近礼拜供桌时，你要把鞋脱掉。要为这个空间赋予爱、崇敬、虔诚和感谢的意味。要点上一些香。要与你的供桌上面的图片或者肖像进行心灵的沟通，并要完全融入此刻当中！

正如我所提到的，如果你能够阅读一本圣书中的一段话，从而有意识地开始新的一天，你整个一天都会随时想起它。你可能需要播放某种恬静的音乐，抑或是选择诵经或者唱歌的方式修行。

坚持写日记

写日记可以帮助你回顾你的想法，使你有一个特殊的空间，以便记录和加工在这个旅程中出现的教诲、感受或见解。有时候，我会在日记中写下我在当天有多少次迷失在现实中，并把幻觉当作事实看待。我会列出一张清单，在几天后看一下这些清单的情况，它们会向我展示我的愿望系统的本质，会向我展示我将哪些东西视为现实。

当你度过每一天时，要关注你有多少次是真正活在当下，你的心灵什么时候会敞开，什么时候会关闭。通过自我见证了解你的生活、你的行动；要观察你做事的动机和欲望。要看看什么会导致生气、恐惧、贪婪、欲望和爱。要经常反思。要坚持冥想。要从你的心灵深处打量这个世界的本质。要真正了解自己。要注意在你的情感关系中，你的意识状态所起到的作用。你的需求和欲望，可能会让其他人拥有控制你的力量。别人让你失去镇定的能力，必然和你的依恋感以及心灵的执着有关。这就是你需要修行的原因。

冥　想

冥想是让心灵平静，与你更深处的自我、也即你的灵魂接触的基本修行手段。冥想会让你对所有事物之间的相互关联以及每个人在其中扮演的角色有更深的理解。

这个游戏的简单规则，会让你忠实地面对你在人生中所处的位置，并且学习和倾听内心真实的声音。冥想是一种更深入的倾听的方式，这样，你就能够从一个最佳角度全面地听到心灵的声音。冥想会提高你的洞察力，显示出你的真正的本质，并给你带来内心的平静。

冥想实践对于清理精神杂质，并且让你看到你的思维如何影响你创建自己的小宇宙是非常有用的。自我意识会让你始终被无穷无尽的念头所占据。你需要不断地观察它们，驱逐它们，直到它们最终消散为止。

大多数修行传统都要求定期修行，唯有如此才能够取得进展。另外，在有些传统当中，并不要求定期修行，而且修行者的确做得很好，所以我不能说这是必要的。但是，我确实觉得定期修行很有用，因此我鼓励其他人也这样做。

经常练习冥想——即使你起初不喜欢它——会帮助你看到你的想法如何对你施加限制，并且影响到你的生活。对冥想的抗拒，是你的精神监狱的缩影。

这个过程很微妙，因为你必须带着某种喜悦和欣赏之情，从能够真正想起你为什么要这样做这一角度出发而开始修行。如果你每次冥想都带着这样的念头，"哦，我必须修行了"，那么即便修行本身最终会消除你的抗拒心理，但我也并不觉得这是好事情。这是那些每个星期日不得不去教堂的人会发生的情况。除非你真的非常渴望做这件事，不然我宁可让你远离修行，而不是给你这样的暗示：你应该做这种修行，否则你就是个坏人。因为唯有如此，你最终才不会痛恨整件事。从长远看，我不认为这对你会有好处。如果你想做这件事，修行才会真正带来益处。如果你不想，它对你就不会有多大帮助。

在各种修行传统中，有多种不同的冥想形式。我会将多年来对我最有效的一些方法与你分享。它们包括南部佛教禅修传统上的内观（洞察力）冥想，来自印度教奉爱瑜伽修行（其中包括怎样用一串念珠进行祷告修行）的咒语冥想，以及针对上师的恩典冥想。

还记得一个西方人到达印度的静修所，并询问马哈拉杰先生如何冥想的故事吗？马哈拉杰先生变得沉默并且闭上眼睛。过了一会儿，一颗泪珠顺着他的脸颊滚落下来，他说："像基督那样冥想。他会在爱中迷失自我。基督住在众生的心中。他永生不死。他永生不死。"

让你自己迷失在爱中。

当你与你所爱的人在一起时，你们可以倾心交谈，这是令人愉快的，但原因并不在于谈话本身，而仅仅在于你们在一起。

冥想是祷告的最高形式。在祷告中，你是那样接近上帝，以至于你什么都不需要说。只要在一起，就是极为美妙的事情。

斯瓦米·穆卡塔纳达

内观冥想

内观冥想，是来自南传佛教的一种基本的佛教禅修形式。这种冥想的重点或者主要目标是呼吸。

专注于呼吸的过程，在南传佛教中被称为"安般"，其目的就是通过呼吸，把你带入到当下的每一个瞬间。每个人都要呼吸。我们都有自己的个体差异，但我们都在呼气和吸气。

舒适地坐下来，让你的身体笔直并且尽可能感觉舒服，让你的头、颈部和胸部在一条直线上。有意识地做两三次缓慢的深呼吸，并且闭上眼睛。

专注于你的呼气和吸气过程。有两种方法可以做到这一点：

专注于太阳神经丛的肌肉，每当你吸气时，它会朝一个方向移动，每当你呼气时，它会朝另一个方向移动——上升，下降，上升，下降。

专注于你的鼻尖处的鼻孔内部——当气流进入时，你会感觉到空气进入时产生的轻微的声音，当空气逸出时，你会感觉到空气逸出时产生的轻微的声音。

使用这两种方法中任何一种对你而言最便于操作的方法。

选择一个焦点，要么是你的腹部肌肉的上升和下降，要么是你的鼻尖处空气的流动，并且至少持续一刻钟。

你就像是门口的一个看门人。你会观察汽车进入和开出的情况。你并不需要看到它们去往哪里。你只需要关注吸气，呼气，吸气，呼气。你要做的就是尽可能温和地呼吸，并将你的意识聚焦于呼吸的主要对象上面。

你的意识有时会"溜号"，会被许多随意产生的念头所干扰。你会坐下来并且说，"吸气，呼气"或者"上升，下降"。然后，一个念头会随之而来——"这行不通"。现在，你要摆脱"这行不通"这个念头，并立刻将其转化为其他念头。尽管你有需要照做的指令，你不要去理会它们，一直等到冥想时间结束即可。

或者在某些时候，当你厌倦了这一点时，你可以说："我在这一刻钟里要做的事，就是关注我的呼吸。这只是另一个念头。也许我会让它过去，然后我会再次转回到我的呼吸上面。"这就是让你的思维逐渐回到呼吸、回到你的意识上面的一种策略。其技巧就是，不要与你的其他念头发生激烈对抗。不要试图把它们推开。不要因为你在想着它们而感到内疚。它们只是念头。你只需要温和而又不断地把你的意识拉回到冥想的主要对象上面：吸气，呼气。只需要不断地返回你的冥想的专注点，回到呼吸本身和呼吸的意识上面。

无论你的呼吸变快或变慢都无所谓；只需注意到呼吸本身。

你的身份就是负责大门开关的看门人。对于任何声音、气味或感觉，只要让它们进来或者离开，让你的意识回到冥想过程上面。

如果你开始走神，只需注意到它，然后缓缓地把注意力转回到冥想过程上面。无论你的思维现在何处，只需注意到它停留在哪里，并且缓缓地把它带回到腹肌上升和下降或者吸气和呼气过程上面。如果让自己不间断地想着"吸气，呼气"有助于每一次呼吸的进行，那么这完全没有问题。如果数着呼吸次数有所帮助，那就试着从一数到十，将每十次呼吸视为一个呼吸周期，然后重新开始。有时候，数到十而不会被思维干扰，可能真的很难！但是不要气馁，不要就此下任何结论，这当中不涉及任何成功或者失败——只涉及你对于呼吸的意识。

对于所有的声音，进入你的耳朵的一切，只需将其作为更多的念头而注意到它们，并且回到你的呼吸上面。除了冥想本身，现在你没有任何东西需要考虑。

如果你感觉到激动、困惑、无聊或者幸福以及其他情形，只需将其视为另一种念头。要注意到它，并将你的意识转回到腹肌的上升和下降，或者鼻孔的吸气和呼气上面。

如果你开始打瞌睡，有意识地做几个深呼吸。对于你的身体所有的感觉——听觉、触觉、味觉、视觉——只需注意到它们的出现和消失，并将你的意识转回到冥想的主要对象上面。

稳妥地坐在你的位置上，保持头正颈直，开始呼气和吸气。如果你的静坐接近尾声，要自觉地使用这最后几分钟。这个过程没有所谓的开始和结束。每次呼吸都是第一个呼吸，也是最后一个呼吸。每当你的脑海开始产生其他想法时，都要温和但又坚决地将思维转回到冥想过程上面。如果你的思维在一天的过程中变得纷乱芜杂，要把它带回到呼吸上面——腹肌的上升和下降，鼻孔的吸气和呼气。

OM①——

就上师展开的冥想

想象一个开悟的人站在你的前面，或者对方是一个让你感觉特别崇敬的人，比如耶稣、圣母玛利亚、穆罕默德、拉姆、哈努曼、印度圣女安达玛依·玛，或者是你自己的上师。这个人看上去光彩照人，眼睛里充满了慈悲。你会感觉到从这个人身上散发出的智慧之光，而这种智慧是来自与宇宙之间的高度

---

① OM 是印度教、佛教和耆那教的神圣音节，在做瑜伽时尤其经常使用。

和谐。

　　和一个充满爱的人进行一种有关爱的对话，是如此美妙动人。坐在你的冥想区，凝视着对方的图像，脑子里想着他（她）的爱代表着纯净，它是神之光的反映。体验在你和那个画面之间流淌的爱。你只需要敞开自己的心灵。

　　你会在那双充满慈悲和不作评判的眼睛里看到你自己。坐在对方前面，或者设想对方坐在你的心里。只需与对方共处，并且向对方表达同样的爱。尽管你可能对各种精神杂质抱着执迷的态度，尽管你可能感觉自己一无是处，但圣者却能够无条件地爱你。与圣者进行想象中的对话是一件好事；这种交流会让你感受到慈悲、平静、温暖和宽容——这是一个自由的灵魂的全部素质。

　　这种虔诚的冥想所具有的交流的特性，可以使你从你的心理需求转向爱和被爱的方面，继而感受到智慧、慈悲与平和的存在。当你与代表这些素质的人共处时，他们会为你带来抚慰，而你会感觉温暖，甚至能够体验到你体内那束明亮的光芒。

　　承认你自己的价值，能够使你向受爱者进一步敞开自己的心灵，直到爱者与受爱者融为一体，而且你会发现，你从受爱者那里看到的完美品质，正是你自己内在美的反映。

　　最终，你会成为那种爱本身。你就住在爱的空间里，而且不需要任何人给予你爱，因为你自己就是爱的化身，你身边的每一个人都能够感受到它。当你所代表的爱变得越来越浓厚时，你会去爱每一个人，这就是所谓的大爱的由来。

咒　语

这里所说的咒语，是指用来重复的祷文、话语、一个圣名或者圣音。它就像是在内心深处不断播放的磁带，以便提醒自己"我是谁"；它就像墙上壁龛里安静燃烧的蜡烛火焰。

用于修行的咒语，可能是某个或者某几个神灵的名字，而且你可以使用梵文、英文、西班牙文或其他语言。它通常需要在脑海里默诵，虽然有时你可能会低声或者大声说出来，但仍然要保持它的内在性，力求不会干扰其他人的精神空间。一些咒语都比较富于抽象性或概念性。另外，所有的咒语只有重复才能起作用。

经由长期的运用和实践，咒语具有稳定思维和让意识转变的能力。咒语应该经常重复，可以在任何时间、任何地点重复——比如，当你走路时，当你洗澡、洗碗碟，或者在排队买电影票时。

在佛教中，"咒语"这个词的意思是"保护大脑的语言"。咒语可以保护大脑，防止其陷入机械性的、与我们的最佳意识角度经常不一致的思维习惯。咒语是一种功能强大的修行手段，它可以让我们聚精会神，让我们摆脱某些强烈的情感，比如恐惧、焦虑和愤怒。你在使用咒语方面训练得越多，它就越是能够成为你的一部分。当你在心理层面需要它的时候——例如，当你感到恐惧时——使用你的意识的自我见证能力，你就会注意到那种恐惧，并且用你的咒语取代那种恐惧。只要咒语成为一种固定的修行方式，你就可以得到回报。咒语可以提醒我们神性在我们的内部以及宇宙当中的存在。

圣雄甘地说："咒语会成为一个人的精神食粮，并且使其通过所有的考验。它并不是简单的空洞的重复。每次重复都具有新的含义，使你越来越接近神。"

要经常有意识地重复你的咒语，直到它成为一种强大的习惯。比如，当你外出散步时，你在行走过程中要一直说那个咒语。你可以关注每一种事物，但不要中断重复咒语的过程。要不断认识到，与神同在是你的关注点，因此，你所看到的一切都是神的一部分。

马哈拉杰先生说："敬拜神最好的方式，存在于所有的形式当中。"

你遇到的每一个人都是拉姆，后者是来教给你一些东西的。咒语就是旨在让你想起拉姆在你的心灵中的位置。拉姆，拉姆，拉姆……把它说出来，或者在心里默念它、思考它和感受它。你会不断地与受爱者接触，并且与其完美地融为一体。

神性存在于所有生命的灵魂内部和宇宙当中，而且在不同的时代、国家和宗教当中，都具有不同的名字。根据印度教的观念，天神（avatar）是以人形而存在的神性意识的化身。每当我们需要灵性的教诲，以便建立与神性沟通的新的途径时，一种化身就会诞生。根据印度教的观点，拉姆、克里希纳、释迦牟尼和耶稣都是神性的化身。他们的名字被认为会唤起神力，因此人们经常在咒语中加以使用。

一旦你选择了一个咒语，并建立了一种修行模式，最好不要经常改变咒语。如果你坚持使用相同的咒语，这种做法就会更有效果。以下是一些咒语；你可以选择你感觉适合自己的一个。你可以使用任何会让你联想起神性的名字。

我的上师尼姆·卡洛里·巴巴使用的是"拉姆"，我也会经常看见他的口型就是："拉姆，拉姆，拉姆，拉姆，拉姆……"在《罗摩衍那》中，拉姆这一化身，代表着光明、爱、慈悲、智慧和力量。拉姆是当你实现了真正的自我（阿特曼）时，你的本质蕴藏的精华。

Sri Rām, Jai Rām, Jai, Jai, Rām（敬爱的拉姆，我向您

致敬）。

你在冥想时如果使用拉姆，那就要在呼气时说出、思考和感受"拉姆"。呼气是你在生命终结之际将会体验到的那种呼吸。把它与爱、同情、慈悲、幸福联系起来，训练自己进入到这个有关"拉姆"的思维中。

另一种选择，是同时针对克里希纳和拉姆的奉爱瑜伽咒语：

> 来吧克里希纳，来吧克里希纳，
>
> 克里希纳，克里希纳，来吧，来吧。
>
> 来吧拉姆，来吧拉姆，
>
> 拉姆，拉姆，来吧，来吧

克里希纳代表着人间的爱的许多方面：父母之爱，男女之爱，以及朋友之间的爱。在《薄伽梵歌》当中，他对于阿朱那的指导，就是有关一生修行的完整教诲。

Om 是一种神圣的声音咒语，有时候也被称为宇宙之音。它非常具有原始性——不妨思考一下"太初有道，道与神同在"①

---

① 《新约·约翰福音》开篇第一句话。

这句话。

Om Namah Shivaya（我向湿婆致敬）。

其他源自印度教的咒语还有：

Om mani padme hum（我向心脏之莲上的宝石致敬）。
Om Tare Tu Tare Ture Swaha（我向化身为塔拉的圣母致
敬）。

来自希腊基督教传统的咒语：

主耶稣，上帝之子啊，饶恕我这个罪人吧。

咒语可以用一串念珠配合。一串念珠有 108 颗珠子，再加
上一颗较大的主珠。手腕念珠有 27 颗、36 颗或者 54 颗珠子，
加上一颗主珠。所有这些数字——108、54、36 和 27——在命
理学中都是神圣的数字，它们都是 9 的倍数。念珠是使用咒语
的一种外部辅助手段。你一边用手指捻动珠子，一边诵念咒语。
念珠在你的指尖转动的感觉，对于集中注意力——摄心——极

有帮助。

我接受的教导是按照传统方式使用念珠；你用右手的拇指和中指朝你自己的方向逐个地捻转念珠。每转动一个珠子，就重复一下拉姆的名字，或者是你的咒语所选择的其他任何内容。一直捻转到那颗主珠的位置，暂停一下，让你的上师或者导师的形象进入脑海。然后，从另一个方向捻转念珠并重复同样的过程。

斯瓦米·拉姆达，20 世纪一个虔诚的印度圣人，他一生都在聆听拉姆的意愿，并由此指导他的每一个行动。他在提到重复咒语和虔诚诵经时告诉我们："人们不知道上帝之名可以做什么。只有那些不断重复它的人能够知道它的力量。它可以完全净化我们的思维……上帝之名可以将我们带到精神体验的顶峰。"

静　默

静默修行有助于思维平静和纯化，给你带来更多的能量，并且增强你以更深的理解力聆听别人的能力。要在沉默中注意你的思维如何诠释周围的世界。如有可能，每天抽出一些时间，或者在一个休息日保持静默。你可以对家人和朋友解释一下你静默的意图，这样他们就能够支持你的努力。但请记住，这只是一个练习，不要把它小题大做。这当中既有不说话的外部沉默，也有一种保持思维平静的更深层次的沉默。

感谢主，赐我食

在我吃饭之前，我会感谢主赐予我食物。对很多人来说，在童年时期，成年人控制饭局并且感谢主的恩典的过程，是一段令人感到不耐烦的时间，不过我发现，它能够成为重新唤醒自我的时刻。

当我得到食物时，我会把食物举起来，或者把两只手放在盘子边上并坐在那里，嘴里说着感恩的话。有时候在饭店里，我只是在内心深处静静地进行这一过程；我不会大张旗鼓地做这件事，或者阻止其他人吃东西。我只是在心中感恩主一会儿，而且我意识到，这种面对食物的整个祷告仪式，是所有形式的一部分。它是法的一部分；它是宇宙的一部分。我面对祈祷的那只装着燕麦的碗，是主的一部分——正如种植燕麦的那个农夫、把它进行加工的那个厨师一样，因此，正在做祷告的我需要表示感恩。我们都是神的一部分。燕麦片将会缓解的那种饥饿感，我的胃里的那种疼痛感，将要耗尽眼前食物的欲望之火，

这些也是神的一部分。我开始体验到万物合一的性质；我开始
体验到一种平静和理解的感受。我越是能够深入领会作为食物、
饥饿以及我的胃的统一性，就越是能够与这一切融为一体。

在印度，我学会了下面这个能提醒我想到这种统一性的祷
文，一种通过敬献食物并将我带回本源的途径：

Brahmarpanam Brahma Havir

Brahmagnau Brahmana Hutam

Brahmaiva Tena Ghantavyam

Brahmakarma Samadhina

敬献的行为是神。

敬献的食物是神。

敬献者是神。

煮熟食物的神圣之火是神。

你要想靠近神，

就要在一切行动中专注于神。

下一次当你等待食物端上来，并且感到急切或者饥饿时，
不妨利用这个时间想一想神。接着，当你得到食物时，要说感

恩的话，借此提醒自己，你和食物同为一体，然后再开始进食。类似的仪式对你有益无害。对我来说，在经过一段时间之后，这种仪式就成为我与神性沟通的一种重要途径。

科尔坦唱诵

在印度，科尔坦唱诵修行，意味着唱诵神之名，这是一种能够让你的心灵开放并让你的大脑平静的修行。前面提到的有关咒语的内容，有很多都适用于科尔坦，你可以使用同样的名字或者短语措辞，你还可以在音乐的辅助下，与其他人一道做科尔坦唱诵。

在《神性之光》一书中，印度圣人斯瓦米·拉姆达说：

> 敬拜端坐于我们所有人心灵中的神，是将痛苦挣扎的灵魂引向充满平和与喜悦的天堂的重要途径……敬拜会让人生更舒畅……敬拜意味着带着爱尊崇神。

克里希那·达斯，马哈拉杰先生的信徒之一，多年来一直在西方推广科尔坦。他说："诵经是与自己取得联系的一种方式。它有助于敞开心灵，摆脱在脑海里闪过的各种念头。它能够拓展恩典的通道，而且它是活在当下的一种方式。"他是这样描述这种修行手段的：

> 我们正在唱诵的内容，是对于圣人之名的重复。通常，当你叫别人的名字时，你知道你是在和谁说话。当我们给某个娃娃起一个名称时，或者如果你有一辆卡车，而它是一辆雪佛兰时，我们都知道，那个名字可以帮助我们辨别或定义那个娃娃或者那种汽车，而且名字会吸引我们将注意力转向特定的目标。就科尔坦唱诵而言，情况稍有不同。
>
> 他们说，通过科尔坦唱诵的这些神名，是来自我们内心的某个地方，那是一个超越思想、情感以及任何与概念或概念思维有关的东西。

马哈拉杰先生过去经常一遍又一遍地重复上帝或拉姆之名。他说，重复这些名字会让我们的业力变得成熟；那些对我们无益的东西会被清除掉，而那些对我们有帮助的东西会被带到我们的生命之流中——正是通过这种修行，而不是通过我们自己的其他任何行动，才使得我们逐渐进入开悟状态。这是一个不断趋于成熟的过程。

当我们不断重复这些名字时，在我们内心深处的精神核心，会变得更加牢固和厚实，而我们的自我与我们的灵魂会更加接近。这会赋予我们足够多的能力，使我们能够更快地释放掉那些阻碍我们的思维或者干扰我们的情绪的东西——或者更确切地说，这是为此创造了必要的条件。

如果你正在考虑某种东西，不管它是什么，比如说天气，那个念头最终会耗尽能量，对吗？当它不再纠缠你时，你的注意力转向其他事物，于是另一个念头就会再次攫住你。事实上，我们的念头，我们对于外部世界的迷恋，我们对于所有感官和精神以及其他一切的迷恋，都会将我们从我们真正的本性当中拉出去。

通过重复那些名字，我们就能够地进入摄心的状态。我们会更快地意识到，我们的思维正在偏离正道。于是，我们就会一点一点地扭转注意力，开始聆听到内心深处的声音，我们也必然会看到一个崭新的自己。

"必然"是一个很好的修饰语，它意味着你正在一列单程行驶的火车上，而你在火车前部，正以最快速度朝火车后部跑去，也即朝火车行驶的相反方向跑去。但这不要紧，因为当火车到站时，你也会到达那里。这就是必然。这就是我们的人生。

当你反复而有节奏地唱诵时，你不需要想象任何东西，不需要有任何梦幻般的体验，不需要幻想任何景象，或者让任何事情发生。

你只需要唱诵，而且当你注意到你开始走神时，要及时把自己拉回来。这就是你需要做的全部。你不需要抱有任何期望，这意味着你不会有任何失望。不要指望只要你开始唱诵，就会有一辆燃烧着火焰的双轮战车从天空中下来并把你带走。不会发生这种事。

你只需要把注意力焦点放在当下。当你发现你的关注力有所偏离时，只需要暂停一会儿，再回到吟诵中，多一点儿强度。不需要做出太大努力，只要给它多一点儿关注即可。

然后，当你注意到你的精神又涣散了，就再次把自己拉回来。这样一来，你对于外部事物的迷恋就会逐渐减弱，那些念头和情感，便不会再像过去那样把你牢牢地束缚住。

你的意识开始栖止于你的内心深处，并且从中找到那种充满爱的存在。

朝　圣

在印度的那个寺庙里，我们过去会开玩笑说，马哈拉杰先生让我们学习的"五肢瑜伽"是由吃饭、睡觉、喝茶、闲聊和散步构成的。没错，我们会闲聊，不过我们是在喜马拉雅山的一座寺庙里，在马哈拉杰先生的陪伴下闲聊的。我们从世界的另一边来到这里，我们中一些人不知道我们为什么会在这里，或者我们要往哪里去，但是，所有的人都在搜索内心深处的某种东西。

我们当时可能并不会那样称呼它，但它的确是一种朝圣。也许是一种指向我们的内心的朝圣，但不管怎样，这也是最好的一种朝圣。后来，我们去过印度其他很多能为精神带来滋养的地方，而且我们在西方也发现了能够带来精神能量和真正的宁静的地方。如果你正在旅行或者闲逛，不妨考虑去一个圣地朝圣，并将它带来的精神能量用作你强化内心力量的一种途径。

隐　居

适当的隐居，可以使你暂时摆脱情感和思维的束缚，这样你就可以专注于你的内心生活。也许你需要做的只是把你关在房间里，并且切断电话和电脑。

另一方面，你不妨考虑在西方的诸多静修所当中选择一个，你会被那里的氛围所感染，在那里你可以得到纯净的食物，并在冥想或者其他修行过程中得到某些指导。可以倾听自己的内心需要什么类型的隐居场所或者静修所——是侧重于无声的冥

想，是集体吟诵还是其他修行方式——这对于你的精神之旅是
最适合的。

贤哲之言

与上师或者贤哲相处，经常接触他们的话语和画像，是一
种为自己提供激励，并且寻找适当的人生路径的一种方法。它
们就像是一面纯粹的镜子，会让你看到你自己那面镜子上的灰
尘。贤哲本身是一面清晰的镜子，因为他（她）没有任何情感
的羁绊，所以你能够看到你自己明显的执迷之处。搜寻能够启
发你的修行、来自圣人或贤哲的名言警句。把它们抄写到你的
日记本上，贴到你的电冰箱上或者你的电脑旁边，并且把它们
记在心里。贤哲的话语多年来一直为我提供指导，而且就像它
们对我起到过的作用那样，它们也能够帮助你展开你的内心旅
程。举几个例子：

神、上师和自我同为一体。

罗摩纳

自我是具有自发光特性的心灵。光明来自于心灵，并

且到达作为思维载体的大脑。我们是用大脑来看待世界的;所以你会通过自我的反射光来看待世界。

罗摩纳

要让自己与神同在的强烈愿望,本身就是达到这一目的的途径。

安达玛依·玛

爱必然自发地产生于内部。它绝不会服从于任何形式的内力或者外力。爱与压制永远不会相容;但是,尽管爱不能用强迫手段而给予或者获得,但它可以通过爱本身而被唤醒。爱在本质上具有可以自我沟通的属性。那些没有爱的人,会从那些有爱的人那里感觉到爱。那些从其他人那里得到爱的人,只有体会到爱的本质并给予一种回应,才能够成为爱的接受者。真正的爱是不可战胜的,也是不可抗拒的。

爱的力量会不断积聚和传播,直至最终改变它所触及的每一个人。人类会通过爱,在心灵之间纯粹、自由和无阻碍地相互作用,从而获得一种崭新的存在和生活模式。

美赫巴巴

为什么寻找神会这么难？因为你是在寻找你从未失去过的某种事物。

美赫巴巴

对神的认知与爱，归根到底都是相同的。在纯粹的认知和纯粹的爱之间，没有什么区别。

罗摩纳

一个保存在水中的罐子，里外都会充满水。同样，在神的怀抱中的灵魂，从里到外都会看到那种无所不在的精神。

罗摩纳

圣人是一面镜子，每个人都可以揽镜自照；被扭曲的是我们的脸而不是那面镜子。

帕尔图·赛布①

---

① 印度灵修学大师。

聆听你的自我

内心的修行过程可能很微妙。当你的思维平静下来时，你会开始更多地听到你自己内心的声音。就你的修行而言，要学会信任你自己的直觉的智慧。你不能轻信别人对于适合你的路径的判断；你不能轻信一本书的判断。你必须通过自己的直觉而加以判断。

也许你会说："我现在真正需要的，是建立一个安静的冥想空间，让我的大脑得到更多的平静。"或者是，"我现在真正需要的，是敞开我的心灵。"或者是，"我真正需要的，是一个十分出色的导师。""我真正需要的，是温柔和充满爱意的支持。"抑或是，"我真正需要做的，是在我能够修行之前，更多地清理掉心理上的杂质。"如果你真的在不断研究自己，就会开始感觉到你的障碍在哪里，你的人生路径的下一个拐点在哪里。相信它——要学会相信你的内心的声音。

我是"螺旋路径"的推崇者和倡导者，换句话说，我把修行看成是一种盘旋的阶梯。你可能准备在某种修行中深入实践，如果它很快就不再奏效，要及时暂停下来。有时候，你需要做一段时间的修行，然后再中止修行，或者尝试别的事物。当你下次回归到修行当中时，你会从一个全新的角度看待它。你会从你的意识的不同层面看待它。此时的你已经发生了变化。所以，尽管修行是一种精神和意识训练，你最好还是对自己宽容一些，不要故意为难自己。如果你感觉力不从心或者急于求成，那就暂停一段时间，并尝试其他修行方式。

在我们的脑海中，我们经常先于直觉而采取行动，虽然实际上，我们可能并未为我们的生活或者存在方式做好准备。我们在思维方面容易急于求成或者矫枉过正。我们会按照认定的方式看待事物的进展；我们的思维在我们尚未做好准备之前，就开始设想进入意识的下一个阶段。其结果是，我们在思维方面总是有一些冒进，我们并没有适当放慢速度以便跟上节奏，我们总是根据自己的理解去做事。我们在完全进入正轨之前，会急于创建我们认为适合自己的新的模式。事实上，我们可以适当放慢速度，首先做到活在当下。

如果你正在修行而且并未奏效，你的直觉就会从内心深处听到，而且你听到的要么是，"如果我再次为修行做出努力，并从一个新的角度去看待它，它就可能以一种新的方式焕发出生机"，要么是，"我应该在一段时间内先去做其他事情，然后再次返回"。你应当信任直觉在那一瞬间做出的任何反馈。

我的指导原则通常都是放慢速度。不要指望你明天就会获得成功。放松下来，只需要对自己做出调整，听从内心精神的声音。

　　不要对你的未来之路做出预先假定。你可能会说，"我终于找到了我的道路，找到了适合我的那种修行"，但不要假定那种修行是你在余生将要做的事情。因为你找到了那种修行方式以后，在做这种修行的过程中，将会变成另一个人。于是，一种适合你的修行，起初对你有用，将来可能未必有用。要继续保持开放的心态，倾听内心深处那些微妙的变化和平衡过程。

　　强化一种修行是有价值的。斯瓦米·萨奇塔纳达①曾经批评我是一个博而不精的"半瓶醋"。他说："拉姆·达斯，你不能只是四处去挖浅井。你要挖一口深井，这样才能够得到好水。"这是一个很好的比喻。不过，我也可以用另一个比喻，为相反的观点提供佐证。事实上，根据我对人们的长期观察，我发现，他们开始修行时都是兼收并蓄的，会尝试不同的做法，然后才会深入到一种修行当中。当他们从修行的"另一端"走出来时，就像罗摩克里希一样，他们能够运用所有的修行方式，而且效果都是一样的。这就像一个漏斗或沙漏：它都会通过一个狭窄的开口在另一端向外扩散。所以，你的修行过程要平缓而稳定。

_____

　　① 印度宗教导师和瑜伽大师。

要让自己不断尝试多种方式，直到你真正感觉到进入了一个更深层次的境界。

俄罗斯哲学家葛吉夫说过，尽管闹钟会在某一时刻将你唤醒，但接下来，你还是有可能睡过去。你需要不断借助于更多的闹钟来唤醒自己。他说，你可能具有在意识清醒状态和梦游状态之间来回转换的某种力量。这就像是你正在读什么东西，你在前一刻正在阅读，而在后一刻，你在阅读过程中开始忙于整理你的购物清单，而接下来，你完全进入了睡眠当中。马哈拉杰先生曾经对我们说："头脑在眨眼间就能够穿越百万英里，释迦牟尼这样说过。"

修行就是修行。熟能生巧。一旦你达到完善的地步，你的修行就完成了。你可以使用一条船过河，但只要你到了对岸，就可以不再使用它。在纯粹的灵魂层面，你无须再做任何事情，不过在你的自我层面，你可能需要做某件事——你必须为修行做出努力。你还要知道，那个在作努力的自我的个体，永远都不会开悟，开悟的只是精神的个体。要了解到，你的那个说"嚯，我能够唤醒我的灵魂"的自我，是注定将要死亡、消失或者消融于这一过程的自我。那个开悟的人，并不是你所认为的自我，而是你的真实的自我。

有一次，我和我的藏族老师创巴仁波切坐在一起，他建议我们做一种特殊的向外扩展的冥想。于是,我们开始想象自己的身体正在向外部扩展,并且注视着彼此的眼睛。过了一会儿,他对我说:"拉姆·达斯,你在使劲吗?"

我说:"哦,是的。"

他说:"不,拉姆·达斯。不要使劲,只要放松就好。"

一方面要做出努力,另一方面却要让自己放松,这似乎是一种悖论,因为这涉及两个完全不同的意识层面。当你作为自我而感知到有某种东西超出你那有限度的知觉时,你会努力地从一种状态转换到另一种状态;你想遵循一条路径出发,或者踏上一段旅程。所以,你会采取行动,会打坐冥想,会到某个地方静修。

起初,你可能会觉得修行受阻并感到沮丧,因此你强迫自己,约束自己。随着这一过程奏效,你会品尝到意识的另一层次的味道,你开始看到,所有这些行为模式,以及你由于渴望其他某种东西而体验到的艰难和挫折,都在你的业力和你的思维方式的因果框架内。从某种意义上说,这是可预见的结果。你寻求开悟或者接近上帝的过程,是来自你过去的行为——它们为你现在修行做好了准备——的一种倾向,也即梵文中的sanskara,那种能够让人产生某种欲望的印象。

我们经常会面临一只脚陷入现实世界,另一只脚陷入精神世界的困境。当你感觉自己太过圣洁或者站得过高时，现实世界就会将你拉回来。你不得不一直同那种紧张局面共舞。你会不断将世俗的本性和精神的自我拉得越来越近，并使之成为一条直线。

这当中涉及的一个好消息是，开悟是一种内置系统。它只是需要有属于自己的时间。我已经学会如何激励人们去体验瞬间的开悟。有时候，这个过程就像是一个快速泄漏的轮胎。你给它打足气，又继续前进一会儿，接着，贪婪、私欲和恐惧全部返回，于是它再次瘪下去了。你很想知道这是怎么回事。实际上，只有通过修行，你才能够真正觉醒和了悟。我正在学习更仔细地聆听人们的心声，了解他们处于精神进化的哪个阶段。我正在学习尊敬他人以及我自己——不管我们在这个时刻属于什么样的人——以便了解一种修行的适当性和必要性，确保我们的业力作用和我们的觉醒过程能够完美地进行。

发生在我和我父亲的关系当中最重要的事情之一，就是当他接近死亡时，我终于使他成为他本应成为的自我，而不是试图让他成为我认为他应该成为的那种人。而且，他不再试图让我成为他认为我应该成为的那种人，所以我们成了朋友。

这就是我们在这条路上应当成为的那种人——精神层面的家人和朋友。我们同属于一个大家庭。我们都是亲属，我们终将意识到，我们的本质实际上并无不同，而且我们只有一个属性——爱的意识。

　　愿你被这种爱所包围。

鸣　谢

亚娜基·桑迪·加尔忠实地把来自拉姆·达斯的谈话和写作材料进行了汇编，直至我们发现，这原来可以写成一本书。她是这个项目的原动力，在每一个步骤都给予了重要帮助。她在这方面的功劳无可替代。

拉古·马库斯，爱与服务基金会主席，首先接触了 Sounds True 多媒体出版公司总裁塔米·西蒙和主编詹妮弗·布朗，介绍了制作一部电子书的想法，但他们决定干脆将它印刷出版。Sounds True 的艾米·罗斯特，将她一生的编辑知识和经验用于打磨《净化你的心灵》。她和 Sounds True 公司的其他编辑和制作人员一道，用无与伦比的技能和热情协助了这本书的诞生和出版。

黛西·凯瑟琳·墨菲负责跟踪项目进度并坚守"发射场"，所以这个项目才能够起飞。K. K. 撒赫和克里希那·达斯贡献了来自各自人生旅程的心得，从而让这部作品变得更加完整和充实。当约翰·威尔肖斯意外地被东海岸的一场暴风雪困在毛伊岛上时，他的那次长距离通话所提供的编辑援助，起到了关键性的作用。

斯蒂芬·米切尔、丹尼尔·拉津斯基、理查德·克拉克、科尔曼·巴克斯和斯蒂芬·莱文等人的非凡工作，对于我是一种真正的恩典。他们在翻译那些杰出的贤哲和诗人的作品当中付出的努力，他们展示出的虔诚和洞察力，以及他们出色的文字技能，极大地丰富了本书文本以及创作体验。

关于精神修行的图书，是朝圣者寻找心灵光芒之旅中的一种重要手段。祝愿先于我们踏上旅途的伟大众生的足迹能够赐福这本书的文字和思想，并引领我们找到回家之路。

译 后 记

出生于 1931 年的拉姆·达斯（原名理查德·阿尔珀特）是美国当代精神导师，是一系列人类意识研究以及心灵复苏和成长作品的作者，也是美国最受爱戴的精神修行大师之一，一生致力于倡导博爱教育和临终关怀，推动和谐商业实践，为公众讲授心灵和意识方面的课程，并且创建了包括塞瓦基金会和爱与服务基金会在内的多个公益项目。他富有传奇色彩的个人经历和人生理念，成为美国几代人的一盏指路明灯，帮助数百万人摆脱心灵的桎梏，找到了适合自己的人生方向。1991 年 8 月，拉姆·达斯被授予美国和平修道院良知勇气奖。

在过去的五十多年里，拉姆·达斯孜孜不倦地在全球范围内致力于人类意识和心灵方面问题的研究，并为需要的人提供服务。2013 年夏季，拉姆·达斯出版了他的回忆录和教学总结式的作品：《净化你的心灵》。在就这本书所接受的采访中，82 岁高龄的拉姆·达斯说，他对于衰老和死亡的早期思考得出的个别结论，如今在他看来有些幼稚，因此，他有必要通过一部新的作品予以矫正。他说："我已是耄耋之年……我在迅速衰老。死神正在向我逼近。我越来越接近人生的终点……现在，我交出了最真诚的人生答卷，我已准备好聆听那种随时都会响起的音乐。"

　　拉姆·达斯曾经说过，永无止境的爱与顿悟的时刻，的确会自发出现，但是，让我们的思维和心灵获得净化的关键，是我们的日常生活实践，而且这些实践将从根本上影响到我们能否顺利地找到真正的自我。在《净化你的心灵》一书中，他汇总了他当前最重要的、以实践为基础的人生经验和指导原则。对于译者而言，能够将这样一本佳作翻译过来并介绍给中国读者，是一项艰难的和极具挑战性的工作，这其中离不开多位专家、同仁和友人的大力支持和协助，在此我要感谢高适、李俊、于天源、王伟、张寅（因篇幅所限，不一一列举）等 14 人，他们的辅助工作，对于本书的顺利完稿功不可没，同时，对于在本书的翻译过程中，美国教育专家和友人 Stephanie Holmquist 给予的不吝赐教，一并表示诚挚的谢意。

译　者

2014 年元月

修行，
再修行